AF382116

PETER WILDE

EINE KURZE EINFÜHRUNG IN DIE THERMODYNAMIK,

DIE STRÖMUNGSMECHANIK UND DIE OPTIK

FSC
www.fsc.org
MIX
Papier aus ver-
antwortungsvollen
Quellen
Paper from
responsible sources
FSC® C105338

Bibliografische Information der Deutschen Nationalbibliothek:
Die Deutsche Nationalbibliothek verzeichnet diese Publikation in der Deutschen Nationalbibliografie; detaillierte bibliografische Daten sind im Internet über dnb.dnb.de abrufbar.

© 2020 Peter Wilde

Herstellung und Verlag: BoD Books on Demand, Norderstedt

ISBN: 978-3-7526-1089-5

0 Vorwort

In diesem Kompendium werden die Teilgebiete Thermodynamik, Strömungsmechanik und Optik auf einem für Studierende an Fachhochschulen angemessenem Niveau dargeboten. Das Konzept hierzu ist entstanden aus meiner Erfahrung beim Unterricht an der Ernst-Abbe-Hochschule in Jena. Im Sommersemester 2020 mußte diese Vorlesung samt zugehörigen Übungen situationsbedingt als Online-Vorlesung angeboten werden. Da in dieser Zeit auch die Biblotheken zeitweise geschlossen waren, sich die Studierenden dementsprechend nicht mit zugehöriger Literatur versorgen konnten, drängte sich die Notwendigkeit zu einem begleitenden Skript auf. Dies liegt nun hier in überarbeiteter Form vor.

Vorlesungen der Physik werden an Fachhochschulen in der Regel von physikalischen Experimenten begleitet. Auch ein physikalisches Praktikum wird häufig vorlesungsbegleitend angeboten. Dies ist jedoch in den aktuell schwierigen Zeiten (CORONA) nicht leicht realisierbar, weil weiterhin viele der Vorlesungen als Online-Vorlesungen abgehalten werden müssen. Zu den in diesem Buch behandelten Themen sollen die Studierenden jedoch zu jedem der genannten Themengebiete zumindest ein Experiment zuhause selbst durchführen.

In dem ersten hier behandelten Kapitel, der Thermodynamik, werden die makroskopischen Variablen Druck, Volumen und Temperatur gemäß der seit dem 20. Mai 2019 geltenden Neudefinition der SI-Einheiten eingeführt. Damit verbunden ist die Untersuchung der Wärmeenergie sowie der zugehörigen Gesetze. Der behandelte Themenbereich erstreckt sich über die Hauptsätze der Thermodynamik bis zu Carnot-Maschinen.

Die physikalischen Gesetze zur Beschreibung von Flüssigkeiten und Gasen, kurz von Fluiden, werden im zweiten Kapitel, der Strömungsmechanik, behandelt. Hier werden zunächst die Begriffe Dichte und Druck im Zusammenhang mit ruhenden Fluiden eingeführt um dann auf stationär strömende ideale Fluide erweitert zu werden.

Der hier dargebotene Stoff der Optik besteht aus den beiden Kapiteln „geometrische Optik" und „Wellenoptik". Die geometrische Optik wird angewendet, wenn die Wellenlänge des Lichts viel kleiner als die geometrischen Abmessungen der Objekte ist, durch die sich das Licht bewegt. Hierbei wird mit guter Näherung angenommen, daß die Ausbreitung von Licht durch Strahlen beschrieben werden kann, die gewissen geometrischen Regeln gehorchen. Sind Wellenlänge und die Objekte von etwa gleicher Größenordnung, so treten physikalische Erscheinungen auf, die nich länger durch die geometrische Optik beschrieben werden können. Beispiele hierfür sind Beugung und Interferenz. Hier ist die Wellenoptik anzuwenden, bei der Licht durch eine skalare Funktion beschrieben wird, die vom Ort und der Zeit abhängig ist.

Ausdrücklich bedanken möchte ich mich bei meinem Kollegen Prof. Dr. Sienz, auf dessen Anregung hin ich diese Vorlesung gehalten habe und der mich mit seinen Vorlesungsunterlagen sowie mit vielen Anregungen tatkräftig unterstützt hat.

Anregungen und Kritik zu diesem Kompendium werden gern entgegengenommen. (*Peter.Wilde@TU-Ilmenau.de*)

Jena, im September 2020,

Peter Wilde

Inhaltsverzeichnis

Abbildungsverzeichnis

Tabellenverzeichnis

1 Thermodynamik

1.1 Einleitung

Gegenstand der Thermodynamik ist die Untersuchung der Wärmeenergie (oder auch der thermischen Energie oder auch der inneren Energie) in Medien sowie der zugehörigen Gesetze. Der zweite zentrale Begriff der Thermodynamik ist der der Temperatur. Die in der Thermodynamik geltenden Gesetze beziehen sich auf makroskopische Variablen wie Druck, Volumen und Temperatur.

In der kinetischen Gastheorie wird hingegen von Anfang an mit bestimmten Annahmen über den molekularen Aufbau physikalischer Systeme gearbeitet. Es wird mit gemittelten Werten, zB der gemittelten Geschwindigkeit von Atomen in Gasen oder der mittleren kinetischen Energie, gearbeitet.

In der statistischen Physik werden die Eigenschaften von Systemen auf Grund ihrer molekular-kinetischen Modelle sowie den Methoden der mathematischen Statistik untersucht. Hierbei besteht der Hauptinhalt in der Untersuchungen von Systemen, die sich im thermodynamischen Gleichgewicht, oder nahezu im Gleichgewicht, befinden. Auf diesen Teil der Thermodynamik wird in dieser Vorlesung nicht eingegangen.

Die Thermodynamik kann, neben der Mechanik, vielleicht als der universellste durch Erfahrung abgesicherte Teil der Physik betrachtet werden. Sie unterscheidet sich durch die verwendeten Methoden wesentlich von der statistischen Physik. In ihr werden physikalische Systeme betrachtet, die aus sehr vielen Einzelteilchen zusammengesetzt sind, aber als eine makroskopische Gesamtheit betrachtet werden. Es wird hier also nicht die Physik der mikroskopischen Bestandteile betrachtet. Wegen der sehr großen Anzahl der mikroskopischen Bestandteile können Fluktuationen und Mittelwerte vernachlässigt werden. Die vagen Begriffe „sehr viele" bzw „wenige" Bestandteile werden präzisiert durch die Verwendung der Avogadro[1]-Zahl (ehemals

---

[1]Lorenzo Romano Amedeo Carlo AVOGADRO, 9.8.1776 - 9.7.1856, ital. Physiker und Chemiker

auch Loschmidt-Zahl genannt):

> *Die in der Thermodynamik behandelten physikalischen Systeme sind dadurch gekennzeichnet, daß sie Stoffmengen in der Größenordnung der Avogadro-Zahl beinhalten, wobei die Avogadro-Zahl N_A über das Mol mit der SI-Einheit mol als Stoffmenge definiert ist.*

Ab dem 20. Mai 2019 ist das Mol wie folgt definiert.

DEFINITION:

> *Das Mol, Einheitenzeichen mol, ist die SI-Einheit der Stoffmenge. Ein Mol enthält genau $6.02214076 \cdot 10^{23}$ Einzelteilchen. Diese Zahl entspricht dem für die Avogadro-Konstante N_A geltenden festen Zahlenwert, ausgedrückt in der Einheit mol^{-1}, und wird als Avogadro-Zahl bezeichnet. Die Stoffmenge n eines Systems ist ein Maß für eine Anzahl spezifizierter Einzelteilchen. Bei einem Einzelteilchen kann es sich um ein Atom, ein Molekül, ein Ion, ein Elektron, ein anderes Teilchen oder eine Gruppe solcher Teilchen mit genau angegebener Zusammensetzung handeln. Damit gilt für die Avogadro-Konstante N_A*
>
> $$N_A = 6.02214076 \cdot 10^{23}\, mol^{-1}.$$
>
> *Nach der Einheit mol aufgelöst, ergibt sich*
>
> $$1\, mol = \frac{6.02214076 \cdot 10^{23}}{N_A}.$$

Die Stoffmenge n eines physikalischen Systems mit N Teilchen beträgt

$$n = \frac{N}{N_A}. \tag{1}$$

Das heißt, ein Mol ist die Stoffmenge eines Systems, das aus $6.02214076 \cdot 10^{23}$ bestimmten Einzelteilchen besteht.

- 602 Trilliarden Wassermoleküle, also ein Mol, passen in einen Eierbecher.

- Würden $0.01\,mol$ Eier aufrecht nebeneinander platziert werden, so könnte damit eine Fläche so groß wie die Oberfläche unserer Sonne bedeckt werden.

- Wenn jeder Mensch der aktuellen Weltbevölkerung im Minutentakt ein Osterei finden würde, so bräuchte sie, um ein Mol Ostereier zu finden, dafür über einhundert Million Jahre.

BEISPIEL 1.1.1: *Wieviele Teilchen $1\,m^3$ Luft enthält und welcher Stoffmenge dies entspricht, kann wie folgt berechnet werden:*
Unter Normalbedingungen hat Luft eine Dichte von $1.293\,kg\,m^{-3}$. In guter Näherung besteht ihr Volumen zu $78\,\%$ aus Stickstoff, zu $21\,\%$ aus Sauerstoff und zu $1\,\%$ aus Argon. Die Massen der zugehörigen Moleküle bzw des Argonatoms sind

N_2	$m_{N_2} = 28\,u$
O_2	$m_{O_2} = 32\,u$
Ar	$m_{Ar} = 40\,u$

Tabelle 1: Massen von N_2, O_2 und Ar.

mit der atomaren Einheit $1\,u = 1.6605\,10^{-24}\,g$. Die mittlere Masse $\tilde{m}$ eines „Luftteilchens" ist daher

$$\tilde{m} = (0.78 \cdot 28 + 0.21 \cdot 32 + 0.01 \cdot 40)\,u = 28.96\,u = 4.81 \cdot 10^{-23}\,g.$$

Somit muß sich $1\,m^3$ Luft aus

$$\frac{1.293 \cdot 10^3}{4.81 \cdot 10^{-23}} \approx 2.68815 \cdot 10^{25}$$

Teilchen zusammensetzen, das sind $n \approx 44.6685\,mol$.

Die SI-Basiseinheit der Temperatur ist das Kelvin. Es wurde am 20. Mai 2019 wie folgt neu festgelegt.

DEFINITION:

> *Das Kelvin, Einheitenzeichen K, ist die SI-Einheit der thermodynamischen Temperatur T. Es ist definiert, indem für die Boltzmann-Konstante k der Zahlenwert $1.380649 \cdot 10^{-23}$ festgelegt wird, ausgedrückt in der Einheit JK^{-1}, die gleich $kg\,m^2 s^{-2} K^{-1}$ ist, wobei das Kilogramm, der Meter und die Sekunde mittels h, c und Δv definiert sind. Hierbei bezeichnet*
>
> - *h die Planck-Konstante mit dem Wert*
>
> $$h = 6.62607015 \cdot 10^{-34} Js = 6.62607015 \cdot 10^{-34}\, kg\,m^2\,s^{-1},$$
>
> - *c die Lichtgeschwindigkeit im Vakuum mit dem Wert $c = 299792458\,m\,s^{-1}$ und*
>
> - *Δv die Frequenz des Hyperfeinstrukturübergangs des Grundzustands im ^{133}Cs-Atom mit dem Wert $\Delta v = 9192631770\,s^{-1}$.*
>
> *Damit gilt für die Boltzmann-Konstanten k*
>
> $$k = 1.380649 \cdot 10^{-23}\, kg\,m^2\,s^{-2}\,K^{-1}.$$
>
> *Wird diese Beziehung nach der Einheit K aufgelöst, so ergibt sich:*
>
> $$\begin{aligned}
> 1K \ &= \ \left(\frac{1.380649}{k}\right) \cdot 10^{-23}\, kg\,m^2\,s^{-2} \\
> &= \ \frac{1.380649 \cdot 10^{-23}}{6.62607015 \cdot 10^{-34} \cdot 9192631770} \frac{h\,\Delta v}{k} \\
> &= \ 2.2666653\, \frac{h\,\Delta v}{k}.
> \end{aligned}$$

1.2 Einführung in die kinetische Gastheorie

Bei der Untersuchung der physikalischen Eigenschaften von Gasen wurde festgestellt, daß die Moleküle von Gasen völlig zufällige und voneinander unabhängige

Bewegungen ausführen, ohne daß eine makroskopische Gesamtbewegung zustande kommt. Diese, zuerst von Brown[2] im Jahre 1828 entdeckten, Bewegungen der Teilchen werden als Brown'sche Bewegungen bezeichnet. Im Jahr 1926 erhielt Jean Baptiste Perrin[3] für seine Analyse der statistischen Eigenschaften dieser Bewegungen den Nobelpreis in Physik.

1.2.1 Die Zustandsgleichung idealer Gase

Zunächst werde ein ideales Gas betrachtet. Hierunter soll ein Gas verstanden werden, dessen thermodynamische Eigenschaften nicht oder nur vernachlässigbar wenig von seiner Zusammensetzung abhängt. In der physikalischen Modellvorstellung eines idealen Gases ist das Gas kräftefrei und das Eigenvolumen der Gasmoleküle ist vernachlässigbar. Reale Gase kommen dem Verhalten des idealen Gases umso näher, je schwerer sie bei Normaldruck zu verflüssigen sind, was gleichbedeutend damit ist, daß ihr Siedepunkt möglichst tief liegt. Einatomige Gase wie zB Argon, Helium oder Neon können in guter Näherung als Representanten eines idealen Gases betrachtet werden. Ideale Gase gibt es in der Realität nicht.

In Experimenten wurde festgestellt, daß, wenn je $1\,mol$ eines Gases in Behältern gleichen Volumens V und bei gleichen Temperaturen eingeschlossen wird, nahezu derselbe Druck gemessen wird. Werden die Messungen bei immer geringeren Gasdichten durchgeführt, so werden die Unterschiede in den gemessenen Drücken immer kleiner und scheinen im Grenzfall zu verschwinden. Dies legt die folgende Zustandsgleichung idealer Gase (ideales Gasgesetz) nahe:

$$pV = nRT, \qquad \boxed{\text{Ideales Gasgesetz}} \qquad (2)$$

wobei

- p den absoluten Druck in Pascal,

- V das Volumen des Gases,

---

[2]Robert BROWN, 21.12.1773 - 10.06.1858, schott. Arzt und Botaniker
[3]Jean Baptiste PERRIN, 30.09.1870 - 17.04.1942, franz. Physiker

- n die Stoffmenge des vorhandenen Gases,

- R die allgemeine oder auch universelle Gaskonstante und

- T die Temperatur in Kelvin

bezeichnen. Die allgemeine oder auch universelle Gaskonstante R ist über die Boltzmann-Konstante k und die Avogadro-Konstante N_A definiert. Sie hat für alle Gase denselben Wert

$$R = k \cdot N_A = 8.314462618... \, J \, mol^{-1} \, K^{-1}. \tag{3}$$

Wegen $R = k \cdot N_A$ und $n = N/N_A$ folgt zunächst $nR = Nk$ und damit kann das ideale Gasgesetz auch unter Verwendung der Boltzmann-Konstante k formuliert werden. Dies liefert dann

$$pV = NkT. \qquad \boxed{\text{Ideales Gasgesetz}} \tag{4}$$

Im Folgenden werden einige Spezialfälle des idealen Gasgesetzes erwähnt.

- Bei konstanter Temperatur ist der Druck des Gases umgekehrt proportional zum Volumen:

$$p = \frac{NkT}{V} = \frac{nRT}{V} \sim V^{-1}. \qquad \boxed{\text{Gesetz von Boyle-Mariotte}} \tag{5}$$

Dies ist das Gesetz von Boyle-Mariotte.

- Bei konstantem Volumen ist der Druck proportional zur Temperatur:

$$p = \frac{NkT}{V} = \frac{nRT}{V} \sim T. \qquad \boxed{\text{Gesetz von Gay-Lussac}} \tag{6}$$

Dies ist das Gesetz von Gay-Lussac.

BEISPIEL 1.2.1: *Das Gesetz von Boyle-Mariotte ermöglicht eine angenäherte Berechnung der Molekülgeschwindigkeit aus beobachteten makroskopischen Daten. Wasserstoff hat bei $273.15\,K$ und bei Normaldruck $(1013\,hPa)$ eine Dichte von $\rho =$*

$0.09\,kg\,m^{-3}$. *Damit folgt aus der Gleichung* $p = \frac{\varrho}{3}|v|^2_{gem}$ *(vgl Kap 1.2.2, Seite 16, Gleichung (7)) für das Quadrat der gemittelten Geschwindigkeit*

$$|v|^2_{gem} \;=\; \frac{3p}{\rho} = \frac{3 \cdot 1013\,hPa\,m^3}{0.09\,s^2} = \frac{3 \cdot 1013\,10^2\,kg\,m^3}{0.09\,s^2\,m\,s^2}$$
$$\approx\; 3\,376\,666.667\,m^2\,s^{-2},$$

und daraus $|v|_{gem} \approx 1\,837.6\,m/s$ *bei* $273.15\,K$. *Im folgenden Kapitel wird die gemittelte Geschwindigkeit für Wasserstoff bei* $300\,K$ *mit* $1\,925\,m/s$ *angegeben.*

1.2.2 Mittelwerte der Geschwindigkeiten von Gasmolekülen

Es wird ein Gasmolekül der Masse m und der Geschwindigkeit v in einem Würfel V mit den Kantenlängen L betrachtet (vgl Abb 1). Die Seitenflächen des Würfels mögen parallel zu den (x, y)-, den (x, z)- und den (y, z)-Ebenen liegen. Stöße der Moleküle untereinander werden vernachlässigt und solche gegen Würfelwände sollen elastisch sein. Fliegt nun das Molekül beispielsweise in positive x-Richtung auf die gelbe Wand zu, die parallel zur (y, z)-Ebene liegt, so ändert sich von der Geschwindigkeit beim Aufprall nur die x-Komponente, sie dreht dabei ihr Vorzeichen um. Die einzige Änderung im Impuls des Moleküls erfolgt in Richtung der x-Achse und ist gegeben durch

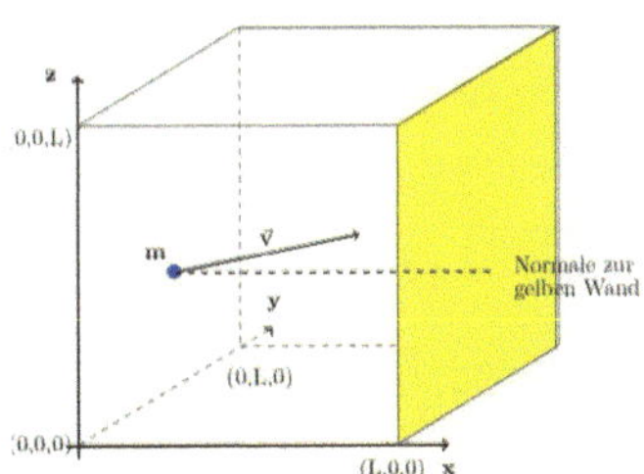

Abbildung 1: Ein Molekül der Masse m und der Geschwindigkeit v fliegt in x-Richtung.

$$\Delta p_x = mv_x - (-mv_x) = 2mv_x.$$

Der vom Teilchen beim Stoß auf die Wand übertragene Impuls ist somit $2mv_x$. Das betrachtete Teilchen wird mehrfach auf dieselbe Wand treffen und die für zwei aufeinander folgende Stöße benötigte Zeit beträgt $\Delta t = 2L/v_x$. Die mittlere Rate, mit der dieses Molekül einen Impuls auf die eine Wand überträgt, ist somit

$$\frac{\Delta p_x}{\Delta t} = \frac{2mv_x}{2L/v_x} = \frac{mv_x^2}{L}.$$

Die Kraft, die durch den Impuls auf die Wand übertragen wird, ist nach dem zweiten Newtonschen Gesetz gleich $F = \dot{p}$. Für die auf die Wand wirkende Gesamtkraft F_x müssen alle Moleküle das Gases beachtet werden, insbesondere auch, daß diese unterschiedliche Geschwindigkeiten haben können. Wird mit v_{xi} die Geschwindigkeitskomponente in x-Richtung des i-ten Teilchen bezeichnet und wird schließlich noch die Gesamtkraft durch die Wandfläche L^2 dividiert, so wird der Druck auf die Wand

$$p = \frac{F_x}{L^2} = \frac{m \sum_{i=1}^{N} v_{xi}^2 / L}{L^2} = \frac{m}{L^3} \sum_{i=1}^{N} v_{xi}^2,$$

erhalten, wobei $N = nN_A$ die Anzahl der Moleküle im Würfel bezeichne. Wird nun mit $(v_x^2)_{gem}$ der Mittelwert der Quadrate der x-Komponenten aller Molekülgeschwindigkeiten bezeichnet, so ergibt sich

$$p = \frac{nmN_A}{V} \left(v_x^2\right)_{gem} = \frac{nM}{V} \left(v_x^2\right)_{gem},$$

mit der Molmasse $M = mN_A$ des Gases. Das Geschwindigkeitsquadrat eines Moleküls ist $|v|^2 = v_x^2 + v_y^2 + v_z^2$. Wegen der großen Anzahl an Molekülen sind die Mittelwerte der Quadrate ihrer Geschwindigkeitskomponenten gleich, sodaß $v_x^2 = |v|^2/3$ gilt. Damit ergibt sich schließlich

$$p = \frac{nM|v|_{gem}^2}{3V}. \tag{7}$$

In dieser Gleichung wird die Geschwindigkeit der Moleküle, also eine rein mikroskopische Größe, mit dem Druck, also einer rein makroskopischen Größe, in Verbindung gebracht. Es wird noch die Bezeichnung $v_{rms} = \sqrt{|v|_{gem}^2}$ (rms = root mean square) für die quadratisch gemittelte Geschwindigkeit eingeführt. Mit der idealen Gasgleichung $pV = nRT$ folgt dann

$$v_{rms} = \sqrt{\frac{3RT}{M}}. \qquad \boxed{\text{quadratisch gemittelte Geschwindigkeit}}$$

In folgendem

BEISPIEL 1.2.2: *soll der Unterschied zwischen der gemittelten Geschwindigkeit und der Wurzel aus dem Mittelwert der Quadrate der Geschwindigkeiten verdeutlicht werden. Betrachte hierzu die folgenden Beträge von Geschwindigkeiten $v_1 = 5\,m/s$, $v_2 = 11\,m/s$, $v_3 = 32\,m/s$, $v_4 = 67\,m/s$ und $v_5 = 89\,m/s$. Der Mittelwert dieser Geschwindigkeiten ist dann*

$$v_{gem} = \frac{v_1 + v_2 + v_3 + v_4 + v_5}{5} = \frac{204}{5}\,m/s = 40.8\,m/s.$$

Für die Wurzel aus dem Mittelwert der Quadrate der Geschwindigkeiten folgt

$$v_{rms} = \frac{v_1^2 + v_2^2 + v_3^2 + v_4^2 + v_5^2}{5} = 2\sqrt{679}\,m/s \approx 52.12\,m/s.$$

Bei der Berechnung von v_{rms} werden die Geschwindigkeiten erst quadriert und dann addiert. Deswegen tragen hohe Geschwindigkeiten im Verhältnis zu niedrigeren Geschwindigkeiten mehr zum Mittelwert bei. Um dies weiter zu verdeutlichen, wird v_5 ersetzt durch $v_5 = 300\,m/s$. Dies führt zu $v_{gem} = 83\,m/s$ und $v_{rms} \approx 138.32\,m/s$. Der erste Wert entspricht etwa einer Verdopplung und der zweite einem um etwa 2.7-fach höheren Wert.

Gas	Molmasse ($10^{-3}kg/mol$)	$v_{rms}\,[m/s]$
Wasserstoff H_2	2.02	1925
Helium He	4.00	1368
Stickstoff N_2	28.00	517
Sauerstoff O_2	32.00	484
Wasserdampf (H_2O)		
Kohlenstoffdioxid (CO_2)		
Schwefeldioxid (SO_2)		

Tabelle 2: Ausgewählte Molekülgeschwindigkeiten bei $T = 300\,K$.

AUFGABE: *Berechne die quadratisch gemittelten Geschwindigkeiten v_{rms} für Wasserdampf (H_2O) mit einer Molmasse von $18 \cdot 10^{-3}\,kg/mol$, für Kohlenstoffdioxid (CO_2)*

mit einer Molmasse von $44 \cdot 10^{-3}\,kg/mol$ sowie für Schwefeldioxid (SO_2) mit einer Molmasse von $64.1 \cdot 10^{-3}\,kg/mol$ und trage die berechneten Werte in obige Tabelle 2 ein.

Wenn sich Moleküle also so schnell bewegen, wieso wird dann der Duft eines Kuchens, der aus dem soeben geöffneten Backofen austritt, erst nach einiger Zeit am anderen Ende der Küche wahrgenommen? Die Begründung hierfür ist, daß Moleküle ständig mit anderen Molekülen zusammenstoßen und dabei laufend ihre Richtung ändern. Sie bewegen sich somit nicht geradlinig auf uns zu.

1.2.3 Freiheitsgrade

Atome und Moleküle können Bewegungen ausführen. Das einatomige Helium kann nur Translationsbewegungen ausführen, nämlich solche in den drei Raumrichtungen. Gemäß der Quantentheorie gilt, daß einzelne Atome keine kinetische Rotationsenergie besitzen können, also keine Rotationsbewegungen ausführen. Zweiatomige Gase wie zB Sauerstoff können drei Translations- und zwei Rotationsbewegungen ausführen. Diese Rotationsbewegungen sind um die zur Verbindungsachse der Atome senkrechten Achsen möglich. Eine Rotation um die Verbindungsachse ist gemäß der Quantenmechanik ebenfalls nicht möglich. Schließlich können mehratomige nicht lineare oder planare[4] Moleküle, zB Methan (CH_4), drei Translations- und drei Rotationsbewegungen ausführen. Jede dieser Bewegungsmöglichkeiten entspricht einem Freiheitsgrad. Für die Anzahl der Freiheitsgrade wird der Buchstabe f verwendet.

Die möglichen Freiheitsgrade bei ein- und mehratomigen Gasen sind in Tab 3 aufgeführt. Moleküle können eventuell auch noch Oszillationen in Bezug auf ihren Schwerpunkt ausführen. In Kap 1.4.1 wird der Zusammenhang $C_V/R = f/2$ zwischen der Wärmekapazität C_V und der Anzahl f der Freiheitsgrade bei Atomen

---

[4]In der Chemie wird bzgl der Anordnung der Atome in Molekülen unterschieden zwischen linearen, planaren, tetraedrischen und diversen anderen Molekülen. So ist zB Kohlenstoffdioxid (CO_2) linear und Carbonyldichlorid (Cl_2CO) planar. Vgl hierzu Mortimer [14].

Molekül / Anordnung	Beispiel	Freiheitsgrad f		
		Translation	Rotation	Gesamt f
einatomig	Helium He	3	0	3
zweiatomig / linear	Sauerstoff O_2	3	2	5
zweiatomig / linear	Kohlenstoffdioxid CO_2	3	2	5
mehratomig / tetraedrisch	Methan CH_4	3	3	6

Tabelle 3: Thermodynamische Freiheitsgrade für verschiedene Moleküle.

bzw Molekülen hergeleitet. Die translatorischen Bewegungen sind auch bei geringen Temperaturen möglich, die Rotations- und erst recht die Oszillationsbewegungen treten erst bei höheren Temperaturen auf (vgl Abb 2).

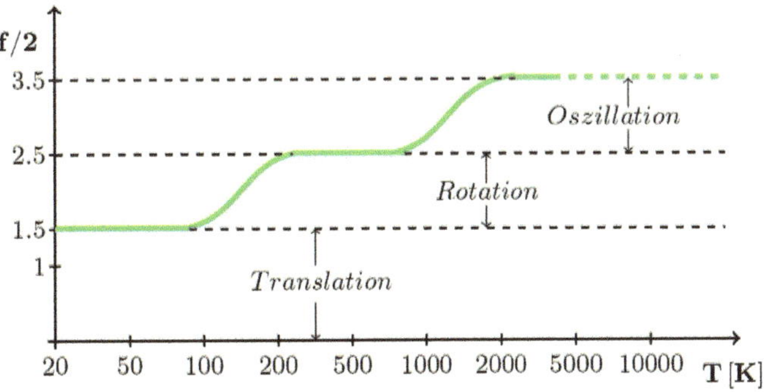

Abbildung 2: Der Graph von $C_V/R = f/2$ als Funktion der Temperatur.

1.2.4 Kinetische Translationsenergie

In einem idealen Gas bewegen sich die einzelnen Atome mit einer gewissen Geschwindigkeit. Diese wird sich ändern, wenn ein Atom mit einem anderen Atom zusammenstößt. Jedem Atom des Gases kann eine eigene kinetische Translationsenergie zugeordnet werden. Befindet sich in dem betrachteten Gas eine hohe

Anzahl an Atomen, so kann jedem Atom die über alle Atomgeschwindigkeiten gemittelte Geschwindigkeit v_{rms} zugeordnet werden, sodaß die mittlere kinetische Translationsenergie für alle Atome, betrachtet über einen längeren Zeitraum, gleich ist. Die mittlere kinetische Translationsenergie der Atome ist dann

$$\overline{E}_{trans} = \frac{1}{2} m\, v_{rms}^2. \qquad \boxed{\text{mittlere kinetische Translationsenergie}} \qquad (8)$$

Wird hier die Geschwindigkeit gemäß $v_{rms} = \sqrt{\frac{3RT}{M}}$ ersetzt, dann ausgenutzt, daß das Verhältnis aus molarer Masse M zur Atommasse m gerade die Avogadro-Konstante N_A ist (vgl Gleichung (1)), und anschließend gemäß Gleichung (3) noch für das Verhältnis R/N_A die Boltzmann-Konstante eingesetzt, so ergibt sich alternativ

$$\overline{E}_{trans} = \frac{1}{2} m \frac{3RT}{M} = \frac{3RT}{2N_A} = \frac{3}{2} kT. \qquad \boxed{\text{mittlere kinet. Translationsenergie}} \qquad (9)$$

Aus dieser Formel ergibt sich unmittelbar, daß es einen absoluten, nicht unterschreitbaren Nullpunkt der Temperatur gibt. Bei diesem ruhen die Atome und somit sind dann die Energie und die Temperatur Null. Ferner ist ersichtlich, daß sich schwerere Teilchen langsamer als leichtere Teilchen bewegen. Ein genaueres Studium dieser Sachverhalte ist Inhalt der kinetischen Gastheorie.

Es gilt folgender

GLEICHVERTEILUNGSSATZ:

> *Auf jeden Freiheitsgrad entfällt im thermischen Gleichgewicht die gleiche mittlere Energie, und zwar für jedes Molekül $\overline{E_f} = \frac{1}{2} kT$ pro Freiheitsgrad. Ein Molekül mit f Freiheitsgraden enthält somit die mittlere Gesamtenergie*
>
> $$\overline{E} = \frac{f}{2} kT.$$

Dieser Gleichverteilungssatz besagt auch, daß

bei einer gegeben Temperatur T alle Atome eines idealen Gases - unabhängig von ihrer Masse - im Mittel dieselbe kinetische Translationsenergie $3kT/2$ haben. Wird also die Temperatur eines Gases gemessen, so wird gleichzeitig auch die gemittelte kinetische Translationsenergie gemessen.

Die „Wärme" eines Gases entspricht also der kinetischen Energie der ungeordneten Bewegung der Gasatome.

BEISPIEL 1.2.4.1: *Es sollen die Wärme Q, die kinetische Translationsenergie, sowie die mittlere Molekülgeschwindigkeit von $1\,kg$ Luft bei $300\,K$ bestimmt werden. Aus Tab 4 (Seite 21) entnehmen wir die spezifische Wärmekapazität c_V von Luft bei konstantem Volumen zu $c_V = 0.718\,kJ\,kg^{-1}\,K^{-1}$. In einem kg Luft, das entspricht etwas weniger als $1\,m^3$, befindet sich bei $300\,K$ damit*

$$Q = c_V \cdot m \cdot T = 0.718\,kJ\,kg^{-1}\,K^{-1} \cdot 1\,kg \cdot 300\,K = 2.154 \cdot 10^5\,J$$

Wärmeenergie, also kinetische Energie der Moleküle. Davon sind $3/5$ Translationsenergie, also $E_{trans} = 1.2924 \cdot 10^5\,J$, der Rest ist Rotationsenergie. Die Moleküle müssen sich gemäß Gleichung (8) mit einer mittleren Geschwindigkeit von $v = 508.41\,m/s$ bewegen.

Luft	$0.76\,N_2 + 0.23\,O_2 + 0.01\,Ar$	$c_V = 0.718\,kJ/(kg\,K)$

Tabelle 4: Zusammensetzung von Luft sowie die spezifische Wärmekapazität c_V.

1.3 Absorbtion von Wärme

Aus Erfahrung wissen wir, daß die Temperaturen warmer Körper und kalter Körper sich einander angleichen, wenn die Körper in thermischen Kontakt zueinander gebracht werden. Physikalisch beruht diese Temperaturangleichung auf einer Übertragung thermischer Energie zwischen den Körpern. Diese Energie teilt sich auf in einen Teil, der als Wärme bezeichnet wird, und in einen Teil, der als Arbeit bezeichnet wird. Das Formelzeichen für die Wärme ist Q und ihre SI-Einheit ist das Joule[5] ($[Q] = J = kg\,m^2\,s^{-2}$). Die Arbeit wird mit dem Formelzeichen W bezeichnet und ihre SI-Einheit ist Joule ($[W] = J$), also identisch mit der für die Wärme. Mit den SI-abgeleiteten Einheiten Newtonmeter (Nm) und Wattsekunde (Ws) gilt die Umrechnungsformel $1\,J = 1\,Ws$. Per Definition wird eine übertragene Wärme als positiv gerechnet, wenn sie dem betrachteten System Energie aus der Umgebung zuführt. Entzieht die Umgebung dem System Energie, so wird die dabei übertragene Wärme negativ gerechnet.

Im folgenden Kapitel wird zunächst Wärme und dann in weiteren Kapiteln Phasenübergänge und Arbeit als Teil übertragener thermischen Energie behandelt.

1.3.1 Wärme und Wärmekapazität

In Versuchen wurde festgestellt, daß die Wärme, die von einem Körper aufgenommen bzw abgegeben wird, sich proportional zur Temperaturänderung des Körpers verhält. Es gilt

$$Q = C\Delta T = C(T_E - T_A),$$

wobei mit T_E bzw T_A die End- bzw die Anfangstemperatur des Systems und C als die Wärmekapazität des Materials bezeichnet wird. C hat die Einheit $[C] = J\,K^{-1}$. Die Wärmekapazität von Gegenständen aus demselben Material sind proportional zu ihren Massen, sodaß es sinnvoll ist, eine „Wärmekapazität pro Masse" zu definieren. Bezogen auf eine Masse $m = 1\,kg$ eines bestimmten Materials wird die spezifische Wärmekapazität definiert durch $c = C/m$. Sie hat folglich die Einheit $[c] = J\,kg^{-1}\,K^{-1}$. Die Wärmekapazität wird oft auch als molare Wärmekapazität C_m angegeben. Hierbei wird die Menge des betrachteten Materials in der Einheit Mol (mol) angegeben, wobei $1\,mol$ die Avogadro-Zahl an Teilchen enthält. Die Wärmekapazität ist sowohl stoff- als auch temperaturabhängig, sodaß sich die Wärme

---

[5]James Prescott JOULE, 24.12.1818 - 11.10.1889, engl. Brauer und Physiker

eigentlich über ein Integral gemäß

$$Q = m \int_{T_A}^{T_E} c(T)\, dT$$

berechnen müsste. Für viele Abschätzungen kann aber c als konstant betrachtet werden, sodaß mit guter Näherung die Formel

$$Q = C\Delta T = cm\Delta T = cm(T_E - T_A)$$

verwendet werden kann.

Verschiedene spezifische Wärmekapazitäten bzw molare Wärmekapazitäten bei Zimmertemperatur sind in folgender Tab 5 zusammengetragen.

Material	Spez. Wärmekapazität c in $J\,kg^{-1}\,K^{-1}$	molare Wärmekapazität C_{mol} in $J\,mol^{-1}\,K^{-1}$
Blei	129	26.85
Aluminium	897	24.4
Kupfer	385	24.3
Wolfram	139	24.3
Granit	708	8.5
Quarzglas	703	0.2
Quecksilber	140	28.3
Wasser	4182	75.3

Tabelle 5: Spezifische Wärmekapazitäten und molare Wärmekapazitäten einiger Substanzen bei $293.15\,K$ ($20\,°C$, Zimmertemperatur)

BEISPIEL 1.3.1.1: *Wasser hat eine spezifische Wärmekapazität von* $4182\,J\,kg^{-1}\,K^{-1}$. *Die Wärmekapazität von* $125\,g$ *Wasser beträgt*

$$C = cm = 0.125\,kg \cdot 4182\,J\,kg^{-1}\,K^{-1} = 522.75\,J\,K^{-1}.$$

Um $125\,g$ *Wasser von* $20\,°C$ *auf* $25\,°C$ *zu erwärmen, wird die Wärmemenge*

$$Q = C\Delta T = 522.75\,J\,K^{-1}\,(25 - 20)\,K = 2613.75\,J$$

benötigt.

Bei Gasen muß unterschieden werden, ob die spezifische und auch die molare Wärmekapazität bei konstantem Druck oder bei konstantem Volumen gemessen wird. Es wird also unterschieden zwischen c_p und c_V bzw zwischen C_p und C_V. Hierauf wird in Kap 1.4.1 und 1.4.2 eingegangen.

Werden Flüssigkeiten unterschiedlicher Temperaturen gemischt, so kann die dabei entstehende Endtemperatur berechnet werden. Hierzu gilt, daß die von der einen Flüssigkeit abgegebene Wärme $-\Delta Q_{ab}$ gleich der von der anderen Flüssigkeit aufgenommen Wärme ΔQ_{auf} sein muß, also $\Delta Q_{ab} + \Delta Q_{auf} = 0$ gelten muß. Die Mischtemperatur ergibt sich dann aus

$$
\begin{aligned}
0 &= c_1 m_1 (T_{Misch} - T_{1,Anfang}) + c_2 m_2 (T_{Misch} - T_{2,Anfang}) \Longleftrightarrow \\
T_{Misch} &= \frac{c_1 m_1 T_{1,Anfang} + c_2 m_2 T_{2,Anfang}}{c_1 m_1 + c_2 m_2}.
\end{aligned}
$$

Analog gilt dies für Festkörper, die in thermischen Kontakt gebracht werden.

Selbsttest: *Eine Wärmemenge Q möge $1\,kg$ eines Materials A um $3°C$ und $1\,kg$ eines anderen Materials B um $4°C$ erwärmen. Welches Material hat die größere spezifische Wärmekapazität?*

Lösung: Aus der Gleichung $Q = cm\Delta T$ folgt $c = Q/(m\Delta T)$ und damit

$$
c_A = \frac{Q}{1\,kg\,3\,K} > \frac{Q}{1\,kg\,4\,K} = c_B.
$$

Also hat das Material A eine größere Wärmekapazität.

Aufgabe 1.3.1.2: *Eine Kupfermünze der Masse $m_K = 100\,g$ und der Temperatur $T = 473.15\,K$ werde in einen mit Wasser gefüllten Glasbecher gelegt. Das Wasser habe die Masse $m_W = 220\,g$ und die Wärmekapazität des Bechers sei $C_B = 200\,J\,K^{-1}$. Die anfängliche Temperatur von Becher und Wasser sei $285.15\,K$. Unter den Annahmen, daß das System Becher-Wasser-Münze ein isoliertes System bildet und daß das Wasser nicht verdampft, ist die Temperatur T_E zu berechnen, die das System schließlich im thermischen Gleichgewicht erreicht.*

Lösung: Da es sich um ein isoliertes System handelt, kann Energie nur intern ausgetauscht werden. Die Münze verliert und der Becher und das Wasser nehmen Energie auf. Da das Wasser nicht verdampfen soll, tritt keine Phasenänderung auf und somit bewirkt die Wärmeübertragung nur Temperaturänderungen. Für die einzelnen Medien gelten folgende Wärmeänderungen:

Für Wasser gilt $Q_W = c_W m_W (T_E - T_{Anf.,\,Wasser})$,

für den Becher gilt $Q_B = C_B (T_E - T_{Anf.,\,Becher})$,

für die Münze gilt $Q_K = c_K m_K (T_E - T_{Anf.,\,Kupfer})$.

Beachte, daß $T_{Anf.,\,Becher} = T_{Anf.,\,Wasser}$ gilt. Da das System isoliert sein soll, muß die Gesamtenergie des Systems null sein:

$$Q_W + Q_B + Q_K = 0.$$

Einsetzen der obigen Gleichungen liefert

$$c_W m_W (T_E - T_{Anf.,\,Wasser}) + C_B (T_E - T_{Anf.,\,Wasser}) + c_K m_K (T_E - T_{Anf.,\,Kupfer}) = 0.$$

Wird diese Gleichung nach T_E aufgelöst, so ergibt sich für die gesuchte Endtemperatur

$$T_E = \frac{c_W m_W T_{Anf.,\,Wasser} + C_B T_{Anf.,\,Wasser} + c_K m_K T_{Anf.,\,Kupfer}}{c_W m_W + C_B + c_K m_K}.$$

Die Werte für c_K und c_W können aus Tab 5 übernommen werden. Werden nun die Temperaturen in Kelvin angegeben, so folgt

$$T_E = \frac{(4182\,J\,kg^{-1}\,K^{-1}\,0.22\,kg + 200\,J\,K^{-1})\,285.15\,K + 0.1\,kg\,385\,J\,kg^{-1}\,473.15}{4182\,J\,kg^{-1}\,K^{-1}\,0.22\,kg + 200\,J\,K^{-1} + 385\,J\,kg^{-1}\,K^{-1}\,0.1\,kg}$$

$$\approx 291.4\,K.$$

Die Endtemperatur im thermischen Gleichgewicht ist somit $T_E \approx 291.4\,K \simeq 18.25\,°C$.

1.3.2 Phasenumwandlungen

Zur Beobachtung der Phasenübergänge von Wasser wird folgender

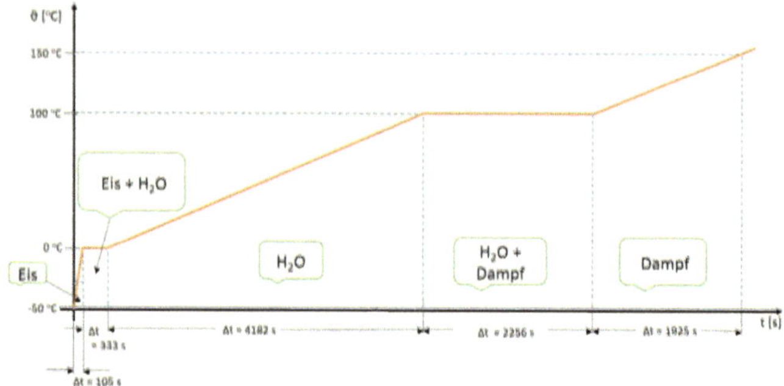

Abbildung 3: Temperaturänderung in Abhängigkeit der Energiezufuhr bzw der Zeit.

Versuch durchgeführt:

Ein Menge von $1\,g$ Wassereis, das anfangs die Temperatur von $223\,K$ ($\simeq -50\,°C$) hat, wird auf $423\,K$ ($\simeq 150\,°C$) erwärmt, indem kontinuierlich in jeder Sekunde die Energie von 1 Joule zugeführt wird. Das Experiment erfolgt bei Normaldruck ($1013\,hPa$). Während der langsamen Aufheizung, bei der sich alle Phasen der Wasserprobe ständig im thermischen Gleichgewicht befinden sollen, wird laufend die gemessene Temperatur in das obige Diagramm (Abb 3) übertragen.

Was fällt ihnen insbesondere beim Schmelzen und beim Sieden auf?

Antwort: *Die Temperatur des Wassers steigt nicht linear an! Es lassen sich vielmehr fünf unterschiedliche Bereiche erkennen:*

- *Zunächst steigt die Temperatur des Eises für $105\,s$ linear an, wie man es bei einer kontinuierlichen Energiezufuhr gemäß $Q = C_p\Delta T = c_p m\Delta T$ erwartet. Die spezifische Wärmekapazität des Eises berechnet sich dadurch zu*

$$c_p = \frac{Q}{m\Delta T} = \frac{105\,J}{10^{-3}\,kg \cdot 50\,K} = 2100\,J\,kg^{-1}K^{-1}.$$

- *Jetzt beginnt das Eis zu schmelzen. Trotz weiterer Energiezufuhr steigt die Temperatur zunächst nicht weiter an, sondern bleibt unverändert bei $273\,K$ ($\simeq 0\,°C$) stehen. Dieser Vorgang dauert 333 Sekunden. Es wird also die Energie von $333\,J$ zugeführt, die das Schmelzen bewirkt. Dies ergibt die spezifische*

Umwandlungswärme (vgl Formel (10))

$$L = \frac{Q}{m} = \frac{333\,J}{10^{-3}\,kg} = 333\,kJkg^{-1}.$$

- *Im dritten Bereich existiert lediglich flüssiges Wasser. Die Temperatur steigt hier für $4182\,s$ wieder linear an. Es wird also eine Energie von $4182\,J$ zugeführt. Die Steigung unterscheidet sich jedoch vom Bereich 1. Damit ergibt sich die spezifische Wärmekapazität $c_p = 4182\,J\,kg^{-1}K^{-1}$.*

- *Hat das Wasser die Temperatur von $373\,K$ ($\simeq 100\,°C$) erreicht, beginnt es zu sieden. Die Temperatur ändert sich hier trotz weiterer Energiezufuhr für 2256 Sekunden nicht. Für die vollständige Verdampfung von $1\,g$ Wasser wird demnach eine Energie von $2256\,J$ benötigt, was eine Verdampfungswärme $L = 2256\,kJkg^{-1}$ ergibt.*

- *Ist das gesamte Wasser verdampft, so erhöht sich bei weiterer Energiezufuhr die Temperatur des Dampfes wiederum linear, wobei die Steigung sich unterscheidet von den Steigungen in den Bereichen 1 und 2. Für die spezifische Wärmekapazität ergibt sich hier $c_p = 1925\,J\,kg^{-1}K^{-1}$.*

Obiges Experiment kann mit ähnlichen Ergebnissen auch mit anderen Materialien durchgeführt werden. Dabei zeigt sich, daß die einem Festkörper zugeführte thermische Energie nicht unbedingt zu einer Temperaturänderung des Körpers führt. Dies ist dann der Fall, wenn bei einer gewissen Temperatur der Körper seinen Aggregatzustand ändert, ein Festkörper also zB vom festen zum flüssigen Zustand wechselt. Die nicht zu einer Temperaturerhöhung führende Energie wird benötigt, um die Änderung des Aggregatzustands herbeiführen. Wird umgekehrt eine Flüssigkeit in den festen Zustand umgewandelt, so gibt sie dabei thermische Energie ab. Analog wurde festgestellt, daß beim Verdampfen einer Flüssigkeit thermische Energie für diese Änderung des Aggregatzustands benötigt und beim umgekehrten Wechsel thermische Energie freigesetzt wird.

In der Physik wird die für die Änderung der Aggregatzustände notwendige Energiemenge pro Masse als spezifische Umwandlungswärme L bezeichnet. Weitere Bezeichnungen sind Schmelz- oder Verdampfungswärme oder allgemein latente Wärme (latent = versteckt). Wandelt sich also eine Probe der Masse m vollständig von einer Phase in eine andere Phase um, so ist die dafür nötige Gesamtenergie, also die latente Wärme, gleich

$$Q = L\,m. \tag{10}$$

Die spezifischen Wärmen verschiedener Stoffe sind in nachfolgender Tabelle 6 aufgelistet.

Wird festem Wasser (Eis) bei Normaldruck ($1013\,hPa$) Energie zugeführt, so schmilzt es und wird zu flüssigem Wasser. Dies ist der Phasenübergang „fest $\rightarrow$ flüssig". Die zugeführte latente Wärme bewirkt keine Temperaturerhöhung des Materials. Das bedeutet, dass sich die kinetischen Energie der Moleküle, die ja proportional zur Temperatur ist, offensichtlich nicht erhöht. Aber die potentielle Energie der Moleküle wird erhöht. Diese für den Schmelzprozess notwendige Energie ist also einerseits vom Material und anderseits aber auch von der Art des Phasenübergangs abhängig:

- *Beim Schmelzen werden die starren Verbindungen zwischen benachbarten Atomen oder Molekülen im Festkörper aufgelöst. Die dazu notwendige Energie wird als Schmelzwärme bezeichnet. Diese wird beim Erstarren als Erstarrungswärme wieder frei. Die dabei herrschenden charakteristischen Temperaturen werden als Schmelzpunkt respektive Erstarrungspunkt (Gefrierpunkt) bezeichnet.*

Wird Wasser bei Normaldruck ($1013\,hPa$) weiter auf $100\,°C$ erwärmt, so verdampft es und es wird gasförmiger Wasserdampf erhalten. Dies ist der Phasenübergang „flüssig $\rightarrow$ gasförmig".

- *Zwischen den Molekülen in der flüssigen Phase wirken immer noch starke Anziehungskräfte. Beim Verdampfen werden auch diese Verbindungen schließlich aufgelöst. Da die Umwandlung in ein Gas, in dem sich die Moleküle frei bewegen können, auch mit einer erheblichen Volumenzunahme verbunden ist, muß zusätzlich Volumenarbeit geleistet werden. Die für den Prozess des Verdampfens notwendige Energie wird als Verdampfungswärme bezeichnet. Sie wird beim Kondensieren als Kondensationswärme wieder freigesetzt. Die dabei herrschenden charakteristischen Temperaturen werden als Siedepunkt respektive Kondensationspunkt bezeichnet.*

Weniger bekannt ist, dass sich Eis auch direkt in Wasserdampf umwandeln kann. Dieser als Sublimation bezeichnete Phasenübergang „fest → gasförmig" kann zB an trockenen Wintertagen beobachtet werden.

- *Beim Sublimieren findet ein direkter Übergang vom festen in den gasförmigen Zustand statt. Die dazu notwendige Energie, die Sublimationswärme, ist durch die Summe aus Schmelz- und Verdampfungswärme gegeben.*

Selbsttest: *1.) Welcher der folgenden Phasenübergänge erfolgt unter Energieabgabe?*

a) Schmelzen (fest - flüssig)

b) Verdampfen (flüssig - gasförmig)

c) Erstarren (flüssig - fest)

d) Sublimieren (fest - gasförmig)

2.) Was ist der Unterschied zwischen dem Erstarrungs- und dem Schmelzpunkt?

Lösung: *Zu 1.) Nur beim Erstarren wird Energie freigesetzt.*
Zu 2.) Es gibt keinen Unterschied. Ein Feststoff schmilzt bei einer bestimmten Temperatur, dem Schmelzpunkt. Bei genau der gleichen Temperatur erstarrt die Flüssigkeit. Man nennt diesen Punkt deshalb auch den Erstarrungspunkt.

Die Siedetemperaturen hängen stark vom Druck ab. Dies gilt auch für die Schmelztemperaturen, jedoch ist die Druckabhängigkeit dort weniger ausgeprägt. Man gibt die materialspezifischen Umwandlungstemperaturen daher bei Normaldruck ($1013\,hPa$) an und bezeichnet sie als den Siede- bzw den Schmelzpunkt. Die latenten Wärmen sind ebenfalls materialabhängig (vgl Tab 6).

Stoff	Schmelzpunkt K	Schmelzwärme $kJkg^{-1}$	Siedepunkt K	Verdampfungswärme $kJkg^{-1}$
Aluminium	933	397	2743	10900
Eisen	1808	1535	3003	2730
Kupfer	1356	207	2868	4730
Silber	1235	105	2323	2336
Wolfram	3653	192	5773	4350
Quecksilber	234	11.4	630	269
Wasser	273	333	373	2256
Ethanol	159	108	351	840
Stickstoff	63	26	77	201
Wasserstoff	14	58.0	20.3	455
Sauerstoff	54.8	13.9	90.2	455

Tabelle 6: Schmelz- und Siedepunkte sowie Schmelz- und Verdampfungswärme einiger Substanzen bei $1013\,hPa$.

Manchmal werden die Umwandlungswärmen auch in kJ/mol angegeben. Für Wasser gilt: Die Umwandlungswärme von Eis zu Wasser (molare Schmelzwärme) beträgt etwa

$$6\,kJ\,mol^{-1} = 333\,kJ\,kg^{-1},$$

die Umwandlungswärme von Wasser zu Dampf (molare Verdampfungswärme) etwa

$$40.7\,kJ\,mol^{-1} = 2256\,kJ\,kg^{-1}.$$

Experiment: Verdunstung von Ethanol: *Bei dem hier gezeigten Experiment wird der Messfühler eines Thermometers in flüssiges Ethanol mit einer Temperatur von $21\,°C$ getaucht. Anschließend wir der benetzte Messfühler an Luft gehalten, so dass das Ethanol in die freie Umgebung verdunsten kann. Man erkennt deutlich, dass die Temperatur des Messfühlers während des Verdunstungsprozesses langsam auf $10\,°C$ absinkt.*

Wie kommt es zu dieser Abkühlung? Was ändert sich, wenn das Experiment mit Wasser durchführt wird?

Lösung: *Das an dem Messfühler haftende Ethanol beginnt zu verdunsten. Hierbei verlassen die Moleküle mit der höchsten kinetischen Energie zuerst die Flüssigkeit. Es verringert sich somit die mittlere kinetische Energie der verbleibenden Moleküle in der Flüssigkeit und folglich sinkt die Temperatur, denn diese ist gerade durch die mittlere kinetische Energie der Moleküle gegeben. Der Betrag der Verringerung der kinetischen Energie wird als Austrittsarbeit bezeichnet. Wasser erfordert eine höhere Austrittsarbeit als Ethanol. Es verlassen daher weniger Moleküle pro Sekunde die Flüssigkeit. Der Abkühlungseffekt ist folglich viel geringer.*

Aus obiger Tab 6 ist ersichtlich, daß insbesondere Wasser relativ große Werte für Schmelz- und Verdampfungswärme hat. Dies läßt sich gut zur effektiven Kühlung sowie zum Schutz vor Kälte nutzen.

Anwendungen: *1. (Kühlen durch Verdampfen). Ein Beispiel aus der Natur ist das Transpirieren bei Menschen und Tieren. Die bewegte Luft entfernt ständig die Gasphase über der Haut. Im Bestreben, den Gleichgewichtszustand wieder herzustellen, wird kontinuierlich Flüssigkeit (Schweiß) verdampft. Die dazu notwendige Verdampfungswärme wird dem Körper entzogen.*

2. (Frostschutzberegnung). Vor befürchteten Frostnächten können in Obstplantagen am Vortag die Pflanzen mit Wasser besprüht werden. Sinken dann die Temperaturen unter $0\,°C$, so wird beim gefrieren des Wassers die für den Phasenübergang notwendeige Energie in Form von Wärme an die Pflanzen / Knospen / Blüten abgegeben. Hierdurch wird verhindert, daß die kritischen Pflanzenteile bei negativen Temperaturen abfrieren.

3. (Kühlen durch Schmelzen). Mit Hilfe von Phasenübergängen lassen sich beispielsweise Flüssigkeiten sehr effektiv kühlen. Jedem ist bekannt, dass man ein Getränk durch Zugabe von Eiswürfeln kühlen kann. Dabei geht die Kühlwirkung weniger auf die Temperatur des Eises zurück! Vielmehr erfolgt die Kühlung da-

durch, dass dem Getränk die zum Aufschmelzen des Eises notwendige Energie (die Schmelzwärme) entzogen wird.

Aufgabe: *Ein Trinkglas sei mit* $200\,g$ *Limonade gefüllt. Glas und Limonade haben eine Temperatur von* $20\,°C$. *Nun werden* $30\,g$ *Eiswürfel von* $0\,°C$ *dazugegeben. Das System sei als thermisch isoliert zu betrachten.*

    a) *Welche Temperatur hat das Getränk, nachdem die Eiswürfel geschmolzen sind?*

    b) *Welche Temperatur hätte das Getränk, wenn anstelle des Eises* $30\,g$ *Eiswasser von* $0\,°C$ *genommen worden wäre?*

Lösung: *Wir unterscheiden hier nicht zwischen Limonade und Wasser. Die gesuchte Endtemperatur werde mit* T_E *bezeichnet und alle Temperaturen sind in Kelvin anzugeben. Für die Temperatur des Wassers gilt also* $T_W = 293.15\,K$ *und für die Temperatur des Eises gilt* $T_0 = 273.15\,K$. *Der Energieverlust des Wassers beträgt*

$$|Q| = c_W m_W (T_W - T_E)$$

und die vom Eis und dem daraus entstehenden Wasser aufgenomme Energie beträgt

$$Q = c_W m_E (T_E - T_0) + m_E L_S,$$

wobei L_S *die vom Eis benötigte Schmelzwärme bezeichne. Da beide Energien gleich sind, folgt*

$$c_W m_W (T_W - T_E) = c_W m_E (T_E - T_0) + m_E L_S.$$

Nach T_E *umgestellt ergibt*

$$T_E = \frac{c_W m_W T_W + c_W m_E T_0 - m_E L_S}{c_W m_W + c_W m_E}.$$

Einsetzen der Werte liefert

$$T_E = \frac{4182\,J\,kg^{-1}\,K^{-1}\,(0.2 \cdot 293.15 + 0.03 \cdot 273.15)\,kg\,K - 0.03\,kg\,333\,kJ\,kg^{-1}}{4182\,J\,kg^{-1}\,K^{-1}\,0.2\,kg + 4182\,J\,kg^{-1}\,K^{-1}\,0.03\,kg}$$
$$\approx 280.16\,K.$$

Nach dem Schmelzen des Eises ergibt sich somit die erfrischende Temperatur von $280.16\,K \simeq 7\,°C$. Würde man aber stattdessen die gleiche Menge Eiswasser von $0\,°C$ benutzen, wäre das Getränk mit $\approx 17.4\,°C$ immer noch lauwarm (rechne bitte selbst).

1.4 Die molare Wärmekapazität idealer Gase

Es wird ein einatomiges Gas betrachtet (zB Helium, Neon oder Argon), es besteht also nur aus Atomen, nicht aus Molekülen. Die innere Energie E dieses idealen Gases besteht aus der Summe aller kinetischen Translationsenergien der im Gas enthaltenen Atome. Eine Menge von $n\,mol$ dieses Gases besteht dann aus $n\,N_A$ Atomen. Gemäß dem Gleichverteilungssatz aus Kap 1.2.4 ist dann die gemittelte Energie dieser Gasmenge gegeben durch (beachte $k = R/N_A$)

$$\overline{E} = nN_A \cdot \frac{f}{2}kT = \frac{f}{2}nRT. \tag{11}$$

Die innere Energie eines idealen Gases ist somit nur eine Funktion der Gastemperatur!

Im Folgenden werden die beiden Größen molare Wärmekapazität C_V und C_p hergeleitet.

1.4.1 Molare Wärmekapazität bei konstantem Volumen

Ein ideales Gas einer Menge von $n\,mol$ befinde sich in einem konstanten, nicht veränderlichen Volumen V und habe einen Druck p sowie eine Temperatur T. Dieser Anfangszustand Z_1 ist in Abb 4 im pV-Diagramm als schwarzer Punkt auf der blauen Kurve dargestellt. Nun werde dem Gas durch Erhöhung der Außentemperatur eine geringe Menge Energie in Form von Wärme Q zugeführt. Dadurch erhöht sich die Temperatur des Gase auf $T + \Delta T$ und der Druck des Gases auf $p + \Delta p$. Dieser geänderte Zustand wird mit Z_2 bezeichnet (siehe schwarzer Punkt auf der grünen Kurve in Abb 4).

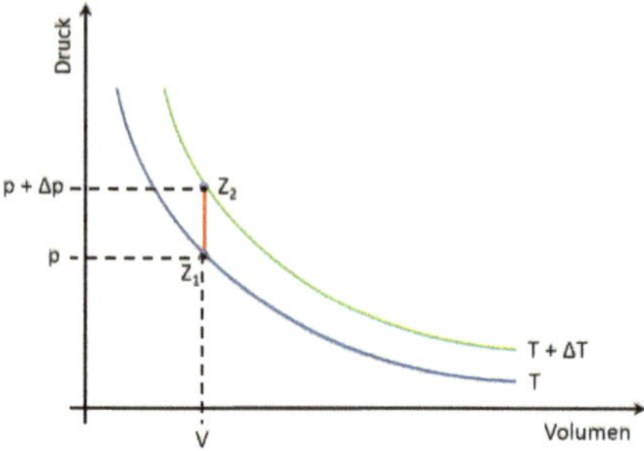

Abbildung 4: pV-Diagramm der Druckänderung bei konstantem Volumen.

Da das Gas sich nicht ausdehnen kann, leistet es auch keine Arbeit. Die gesamte zugefügte Energie geht in innere Energie über und diese ändert sich gemäß

$$\Delta E = nC_V\Delta T, \tag{12}$$

mit einer Proportionalitätskonstanten C_V. Wird diese Gleichung nach C_V umgestellt und beachtet, daß bei einatomigen Gasen jedes Atom $f = 3$ Freiheitsgrade hat, so ergibt sich mit Gleichung (11) für solche Gase

$$C_V = \frac{\Delta E}{n\Delta T} = \frac{3}{2}\frac{nR\Delta T}{n\Delta T} = \frac{3}{2}R \approx 12.4718\,\frac{J}{mol\,K}.$$

Wird der oben beschriebene Prozess nun für mehratomige Gase durchgeführt, so muß die höhere Anzahl f an Freiheitsgraden beachtet werden. Dies führt dann auf

$$C_V = \frac{\Delta E}{n\Delta T} = \frac{f}{2}\frac{nR\Delta T}{n\Delta T} = \frac{f}{2}R.$$

Die so definierte Konstante C_V bekommt den Namen molare Wärmekapazität bei konstantem Volumen. Wird dieser Ausdruck für C_V in die Energiegleichung für ideale Gase eingesetzt, so ergibt sich

$$\overline{E} = \frac{f}{2}nRT = nC_VT.$$

Diese Formel liefert für ein- und zweiatomige Gase Werte für C_V, die gut mit den gemessenen Werten übereinstimmen. Ferner ergibt sich, daß bei mehratomigen Gasen die gemessenen Werte höher ausfallen. Einige molare Wärmekapazitäten sind in folgender Tabelle 7 zusammengetragen.

Molekül	Beispiel	Formel	$C_V\ [J\,mol^{-1}\,K^{-1}]$
einatomig	ideal		$3R/2 \approx 12.4718$
	real	He	12.5
	real	Ar	12.6
zweiatomig	ideal		$5R/2 \approx 20.786$
	real	N_2	20.7
	real	O_2	20.8
mehratomig	ideal		$3R \approx 24.943$
	real	NH_4	29.0
	real	CO_2	29.7

Tabelle 7: Molare Wärmekapazitäten bei konstantem Volumen.

1.4.2 Molare Wärmekapazität bei konstantem Druck

Nun werde ein ideales Gas einer Menge von $n\,mol$ bei nichtveränderlichem Druck mit einer Temperatur T und einem Volumen V betrachtet. Dieser Anfangszustand Z_1 ist in Abb 5 im pV-Diagramm als schwarzer Punkt auf der blauen Kurve dargestellt. Nun werde durch Erhöhung der Außentemperatur eine geringe Menge Energie in Form von Wärme Q zugeführt. Dadurch erhöht sich die Temperatur des Gases auf $T + \Delta T$ und das Volumen des Gases auf $V + \Delta V$. Dieser geänderte Zustand wird mit Z_2 bezeichnet (siehe schwarzer Punkt auf der grünen Kurve in Abb 5). Bei diesem Prozess wird festgestellt, daß sich die Wärme und die Temperaturänderung proportional zueinander verhalten gemäß

$$\Delta E = nC_p\Delta T.$$

Die Proportionalitätskonstante C_p wird als molare Wärmekapazität bei konstantem Druck bezeichnet. Diese Konstante ist größer als die molare Wärmekapazität C_V bei konstantem Volumen, denn die zugeführte Energie wird in diesem Fall sowohl für den Temperaturanstieg als auch für die Arbeit der Volumenexpansion verwendet.

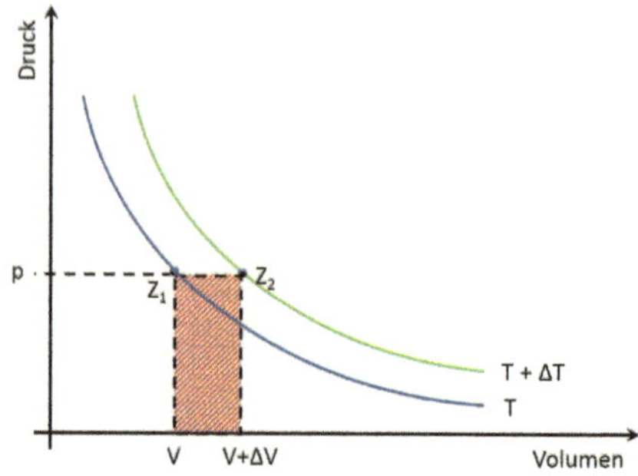

Abbildung 5: pV-Diagramm der Volumenänderung bei konstantem Druck p.

Mit der universellen Gaskonstanten R gilt

$$C_p = C_V + R. \tag{13}$$

Es konnte nachgewiesen werden, daß die hierdurch gelieferten Werte gut mit denen durch Experimenten erhaltenen Werten übereinstimmen. Dies sowohl für einatomige Gase als auch für beliebige Gase, sofern deren Dichte so gering ist, daß sie als ideale Gase betrachtet werden können. Aus der Kenntnis von entweder C_p oder C_V kann mit (13) die jeweilig andere molare Wärmekapazität berechnet werden. Wie bereits im Kap 1.3.1 besprochen, können die molaren Wärmekapazitäten auch in spezifische Wärmekapazitäten gemäß $c = C/m$ umgerechnet werde. Einige spezifische und molare Wärmekapazitäten sowie molare Massen M, spezifische Gaskonstanten R_0 und Isentropenexponenten ausgewählter idealer Gase sind in Tab 8 aufgelistet. Hierbei ist zu beachten, daß zwischen den spezifischen und der allgemeinen Gaskonstanten der Zusammenhang $R = MR_0$ besteht.

Ideales Gas	c_p $kJ/(kgK)$	C_p $kJ/(kmolK)$	M $kg/kmol$	R_0 $kJ/(kgK)$	γ 1
Helium He	5.238	20.96	4.003	2.077	1.66
Argon Ar	0.520	20.78	39.950	0.208	1.66
Wasserstoff H_2	14.200	28.62	2.016	4.125	1.40
Stickstoff N_2	1.039	29.10	28.010	0.297	1.40
Sauerstoff O_2	0.915	29.27	32.000	0.260	1.39
Luft	1.004	29.07	28.960	0.287	1.40
Kohlenmonoxid CO	1.040	29.12	28.010	0.300	1.40
Stickstoffmonoxid NO	0.998	29.95	30.010	0.277	1.38
Chlorwasserstoff HCl	0.800	29.16	36.460	0.228	1.40
Wasser H_2O	1.858	33.47	18.020	0.462	1.33
Kohlendioxid CO_2	0.817	35.93	44.010	0.189	1.30
Schwefeldioxid SO_2	0.609	38.97	64.060	0.130	1.27

Tabelle 8: Stoffwerte idealer Gase. Spezifische isobare Wärmekapazität c_p, molare isobare Wärmekapazität C_p, Molmasse M, spezifische Gaskonstante R_0, und Isentropenexponent γ $(= \kappa)$.

1.5 Adiabatische Ausdehnung idealer Gase

Ein thermodynamischer Prozess ohne Wärmeaustausch, also mit $\Delta Q = 0$, kann dadurch realisiert werden, daß entweder der Prozess sehr schnell abläuft, sodaß für eine Wärmeübertragung keine Zeit ist (Wärme fließt langsam), oder daß der Prozess in einem wärmeisolierten Behälter abläuft. Schnell ablaufende Prozess finden zB bei Gasen in Verdichtungsmotoren statt (vgl nächstes Beispiel). Im letzteren Fall kann das Gas von einem Anfangszustand mit einem Volumen V_A und einem Anfangsdruck p_A in den Endzustand mit dem Volumen V_E und dem Druck p_E übergehen. Vergleiche hierzu die rote Kurve in Abb 6.

Es kann gezeigt werden, daß bei einem solchen adiabatischen Prozess der Druck

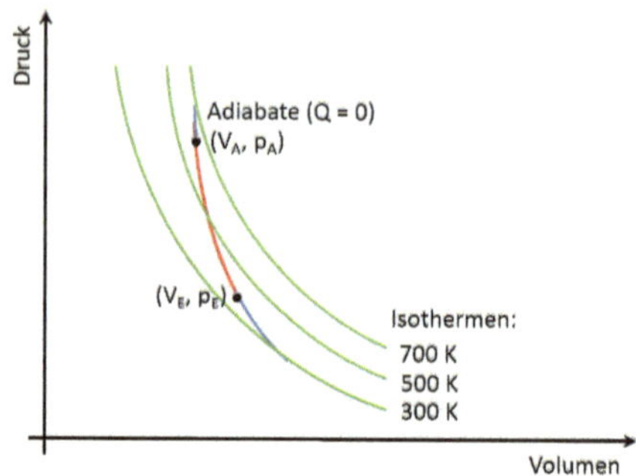

Abbildung 6: Adiabatischer Prozess längs einer Adiabaten.

und das Volumen sich gemäß der Poisson[6]-Gleichung

$$p V^\gamma = constant,$$ $\boxed{\text{Poisson-Gleichung des adiabatischen Zustands}}$ (14)

verhalten. Hierbei ist der dimensionslose, sogenannte Isentropenexponent, gege-ben durch $\gamma = C_p/C_V$ (manchmal auch bezeichnet als κ), also durch das Verhältnis der molaren Wärmekapazitäten. Mitunter wird dieser Exponent auch Adiabatenex-ponent oder Wärmekapazitätsverhältnis genannt. Der Isentropenexponenten kann alternativ als Quotient der spezifischen oder der molaren Wärmekapazitäten bei konstantem Druck bzw konstantem Volumen berechnet werden (vgl Kap 1.3.1):

$$\gamma = \frac{C_p}{C_V} = \frac{c_p}{c_V}.$$

Im pV-Diagramm verläuft ein solcher Prozess längs einer Adiabate, die durch die Gleichung $p = const./V^\gamma$ gegeben ist (vgl die blau-rote Kurve in Abb 6). Da $C_p > C_V$ gilt, verläuft die Adiabate steiler als die in grün gezeichneten Isothermen. Aus obiger Formel ergibt sich, daß bei einem adiabatischen Prozess

$$p_A V_A^\gamma = p_E V_E^\gamma$$

gilt. Wird hierbei der Druck p mittels der idealen Gasgleichung ($pV = nRT$) ersetzt, so ergibt sich

$$\frac{nRT_A}{V_A} V_A^\gamma = \frac{nRT_E}{V_E} V_E^\gamma \iff T_A V_A^{\gamma-1} = T_E V_E^{\gamma-1}.$$

---

[6]Siméon Denis POISSON, 21.06.1781 - 25.04.1840, franz. Physiker und Mathematiker

Beispiel 1.5.1: *In einem Dieselmotor vermindert die rasche adiabatische Kompression das Volumen V_A im Zylinder etwa auf ein fünfzehntel von V_A (je nach Modell). Der dadurch hervorgerufene Temperaturanstieg ist so groß, daß sich das Luft-Kraftstoff-Gemisch unmittelbar selbst entzündet. Welche Temperatur und welcher Druck entsteht bei einer Anfangstemperatur von $25\,°C$ und einem Anfangsdruck von $1\,bar$, wenn der Einfachheit halber die spezifischen Wärmekapazitäten von Luft verwendet werden?*

Rechnung: *Für die Anfangstemperatur ergibt sich $T_A = 298.15\,K$. Mit $\gamma = c_p/c_V = 1.0054/0.718 \approx 1.40029$ und der obigen Formel folgt für die Endtemperatur*

$$
\begin{aligned}
T_E &= T_A \left(\frac{V_A}{V_E}\right)^{\gamma-1} = T_A \left(\frac{V_A}{V_A/15}\right)^{\gamma-1} \\
&= 298.15\,K\,(15)^{0.40029} \approx 881.5\,K \simeq 608.3\,°C.
\end{aligned}
$$

Für den Enddruck ergibt sich aus obiger Formel

$$
P_E = P_A \left(\frac{V_A}{V_E}\right)^{\gamma} = 1\,bar \cdot \left(\frac{1}{1/15}\right)^{1.40029} \approx 44.348\,bar.
$$

Beachte: $1\,bar = 10^5\,Pa$.

1.6 Reale Gase

In Experimenten wurde festgestellt, daß Gase bei hohen Drücken oder auch nah am Kondensationspunkt nicht gut durch das ideale Gasgesetz beschrieben werden. Grund hierfür ist insbesondere, daß das endliche Volumen der Atome und auch die Wechselwirkung der Atome untereinander bei der idealen Gasgleichung nicht berücksichtigt werden. Von van der Waals[7] stammt eine Zustandgleichung, die das Verhalten realer Gase besser beschreibt als die ideale Gasgleichung. Diese sogenannte van der Waals'sche-Zustandsgleichung ist gegeben durch

$$
p = \frac{nRT}{V - nb} - \frac{an^2}{V^2},
$$

wobei n die Anzahl der Mole angibt und a und b vom Gas abhängige Konstanten sind. Diese Konstanten werden Kohäsionsdruck bzw Kovolumen genannt. In dieser Gleichung wird

---

[7]Johannes Diderik VAN DER WAALS, 23.11.1837 - 8.03.1923, niederl. Physiker

- das von den Atomen / Molekülen eingenommene Eigenvolumen abgezogen, dh ($V \rightarrow V - nb$) und

- die Wechselwirkung der Teilchen aufeinander durch einen Term an^2/V^2 berücksichtigt.

Die Konstanten a und b müssen durch Messungen bestimmt werden. Beispielsweise liefern für Helium (He), Kohlendioxid (CO_2) und Sauerstoff (O_2) die Werte in Tab 9 (vgl Mortimer [14], Hütte [3]) eine gute Übereinstimmung. Bei niedrigen Dichten gilt $v/V \ll p$ und $an^2/V^2 \ll p$ sowie $b \ll V/n$, wodurch die van der Waals'sche Zustandgleichung in die ideale Gasgleichung $pV = nRT$ übergeht.

	Kohäsionsdruck a in $10^{-3}\, J\, m^3/mol^2$	Kovolumen b in $10^{-6}\, m^3/mol$
Argon (Ar)	136.00	32.0
Helium (He)	3.46	42.9
Kohlendioxid (CO_2)	363.70	42.7
Sauerstoff (O_2)	137.80	31.8

Tabelle 9: van der Waals Konstanten.

Für $T_c = 8a/(27bR)$ und $V_c = 3b$ gilt

$$\frac{\partial p}{\partial V} = \frac{\partial^2 p}{\partial V^2} = 0,$$

hierbei ist der sogenannte kritische Punkt (V_c, p_c) des Gases erreicht. Oberhalb dieser kritischen Temperatur T_c ist die Substanz bei allen Drücken gasförmig. Unterhalb kann sie sowohl flüssig und gasförmig vorliegen. In Abb 7 sind van-der-Waals-Isothermen zu verschiedenen Temperaturen in aufsteigender Reihenfolge ($T_{blau} < T_{gruen} < T_{rot}$) gezeigt. Oberhalb der roten Isotherme ähneln die van-der-Waals-Isothermen zunehmend den Hyperbeln des Idealen Gases.

Viele technisch verwendete Gase verhalten sich unter unseren Umgebungsbedingungen (Raumtemperatur, atmosphärischer Luftdruck) und auch bei vielen technischen Prozessen mit genügender Genauigkeit wie ideale Gase. Welche Genauigkeit

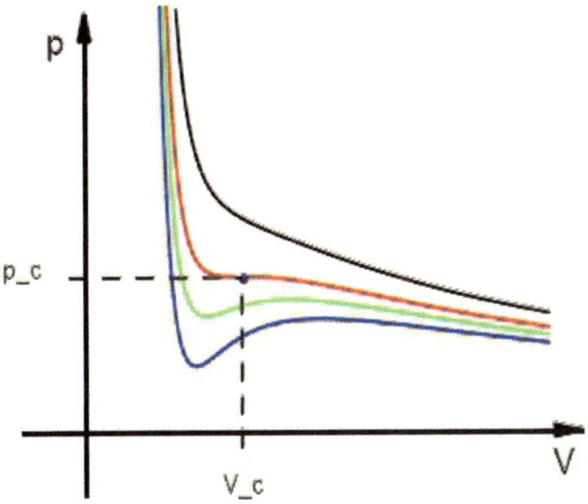

Abbildung 7: van-der-Waals-Isothermen zu verschiedenen Temperaturen mit $T_{blau} < T_{gruen} < T_{rot}$.

im konkreten Fall genügend ist, hängt von den jeweiligen Anforderungen ab. Für viele technische Anwendungen reicht eine einfache Erweiterung der idealen Gasgleichung der Form $pV = ZnRT$, mit dem sogenannten Realgasfaktor Z, aus um eine genügende Genauigkeit zu erhalten. Die verwendeten Werte für Z liegen im Bereich $Z \approx 0.9 \ldots 1.1$ bei einem Temperaturbereich von $220\,K \ldots 570\,K$ und Drücken von $p < 200\,bar$ (vgl zB Langeheinecke et al. [10])

Weitere Zustandsgleichungen für reale Gase sind zB die Redlich-Kwong-Gleichung oder die Zustandsgleichung von Soave-Redlich-Kwong.

BEISPIEL 1.6.1: *$1\,mol$ eines idealen Gases habe eine Temperatur von $373.15\,K$ und einen Druck von $1\,bar$. Das Volumen des Gases berechnet sich mit der idealen Gasgleichung zu*

$$V = \frac{nRT}{p} = \frac{1\,mol \cdot 8.314462618\,J\,mol^{-1}\,K^{-1}\,373.15\,K}{1\,bar} \approx 31.0255\,l.$$

BEISPIEL 1.6.2: *$1\,mol$ Wasserdampf habe das Volumen $V = 31.0255\,l$ und einen*

Druck von $1\,bar$. Die Temperatur des Wasserdampfes wird mit der van der Waals-Gleichung mit den Konstanten $a = 5.5\,l^2\,bar\,mol^{-2}$ und $b = 30\,cm^3\,mol^{-1}$ wie folgt berechnet: Zunächst wird die van der Waals-Gleichung nach der Temperatur umgestellt, dann die Werte eingesetzt. Das ergibt

$$
\begin{aligned}
T &= \left(p + \frac{an^2}{V^2}\right)\frac{V - nb}{nR} \\[2mm]
&= \left(1\,bar + \frac{5.5\,l^2\,bar \cdot (1\,mol)^2}{mol^2 \cdot (31.0255\,l)^2}\right) \cdot \frac{31.0255\,l - 1\,mol \cdot 30\,cm^3\,mol^{-1}}{1\,mol \cdot 8.314462618\,J\,mol^{-1}\,K^{-1}} \\[2mm]
&= \frac{31.0255^2\,bar + 5.5\,bar}{31.0255^2} \cdot \frac{31.0255 \cdot 10^{-3}m^3 - 30 \cdot 10^{-6}m^3}{8.314462618\,J\,K^{-1}} \\[2mm]
&= \frac{31.0255^2\,bar + 5.5\,bar}{31.0255^2} \cdot \frac{31.0255 \cdot 10^{-3} - 30 \cdot 10^{-6}}{8.314462618\,Pa\,K^{-1}} \\[2mm]
&= 1.0057138\,bar \cdot 0.003727901781\,K/Pa = 1.0057138 \cdot 0.003727901781 \cdot 10^5\,K \\[2mm]
&\approx 374.92\,K.
\end{aligned}
$$

Die Temperatur ist also etwas höher als in Beispiel 1.6.1. Hierbei wurde verwendet, daß $1\,bar = 10^5\,Pa$ ist.

BEISPIEL 1.6.3: *Ein Behälter mit einem Volumen von $10\,l$ sei mit $150\,mol$ Argon bei einem Druck von $200\,bar$ gefüllt. Verwende die van der Waals-Gleichung und beantworte folgende Fragen.*

a) *Welchen Wert hat der Term $\frac{an^2}{V^2}$, und welchem Bruchteil des Drucks entspricht er?*

b) *Welchen Wert hat der Term nb, und welchem Bruchteil des Volumens entspricht er?*

c) *Welche Temperatur hat das Argongas?*

<u>Lösung</u>: *a) Aus Tab 9 wird der Wert für den Kohäsionsdruck a verwendet, dann folgt*

$$
\frac{an^2}{V^2} = \frac{136 \cdot 10^{-3}\,J\,m^3\,(150\,mol)^2}{mol^2\,(10 \cdot 10^{-3}\,m^3)^2} = 30.60\,J/m^3 = 30.60\,Pa = 0.306\,mbar.
$$

Für die beiden Teilaufgabe b) und c) sei auf die Übungsaufgaben verwiesen.

1.7 Temperatur

Nach dem kurzen Ausflug in die Mikrowelt der Gase wird nun die makroskopische Welt betrachtet. Wenn im Alltag gesagt wird, heute ist es „kalt", oder der Kaffee ist zu „heiß", oder gestern war es „wärmer" als heute und morgen soll es „sehr kalt" werden, so wird damit die Qualität von physikalischen Systemen bezeichnet die Temperatur genannt wird. Unser Empfinden erlaubt nur eine grobe Bestimmung der Temperatur, denn wir empfinden zB an einem Wintertag die Temperatur eines Metallgeländers niedriger als die eines unmittelbar daneben befindlichen Holzgeländers.

Aus Erfahrung wissen wir auch, daß sich die Temperaturen warmer Körper und kalter Körper einander angleichen, wenn sie in Kontakt zueinander gebracht werden. Heißer Kaffee / Tee kühlt sich ab, wenn wir auf seine Oberfläche pusten. Die Milch erwärmt sich allmählich auf Zimmertemperatur, nachdem sie aus dem Kühlschrank geholt wurde.

Die Physik muß somit den Begriff der Temperatur präzise definieren und sie muß Meßvorschriften festlegen, mit denen Temperatur genau quantifiziert werden kann.

Eine Festlegung der Meßvorschrift für die Temperatur bereitet einige Probleme, denn Temperatur kann nicht direkt sondern nur indirekt gemessen werden. Hierzu eignet sich jedes physikalische System, welches eine Temperatur in reproduzierbarer Weise in eine andere leicht zu messende physikalische Größe überführt. Diese können zB sein:

- Längenänderungen, die an einem Längenmaßstab abgelesen werden. Man denke zB an das

    - Fieberthermometer, oder an

    - Bimetallstreifen.

- Elektrischer Widerstand, der bei Metallen zu- und bei Halbleitern mit der Temperatur abnimmt. Man denke zB an

- Kalt- bzw Heißleiter, oder an

- Thermoelemente.

• Wärmestrahlung. Man denke zB an

- Pyrometer, oder an

- Farbskalen die durch eine Infrarotkamera erzeugt werden.

• Zeit-/Frequenzmessung

- Schwingquarz,

- Abklingen von Fluoreszenz: Hierbei wird das System durch Absorption eines Photons angeregt und emittiert nach der Lebensdauer des angereg-
  ten Zustands wiederum ein Photon, dessen Energie kleiner oder gleich
  der des ursprünglichen ist,

- Faseroptisch (Raman-Effekt: Unelastische Streuung von Licht an Molekülen. Das emittierte Streulicht besitzt eine höhere oder niedrigere Frequenz als der einfallende Lichtstrahl. Hierdurch ändert sich die Rotations-
  und Schwingungsenergie des beteiligten Moleküls.)

• Zustandsänderungen (indirekt)

- Festigkeit von Formkörpern,

- Temperaturmessfarben,

- Beobachtung von Schmelzen, Verdampfen, Glühen, Anlaufen (Farbe).

1.7.1 Temperaturskalen

Die oben genannten Erfahrungen werden in der Thermodynamik zum sogenannten
nullten Hauptsatz zusammengefaßt:

NULLTER HAUPTSATZ DER THERMODYNAMIK:

Makroskopischen physikalischen Systemen wird eine Temperatur zugeordnet. Als thermisches Gleichgewicht zwischen zwei Systemen wird der Zustand der beiden Systeme bezeichnet, in dem sich ihre Temperaturen aneinander angeglichen haben

Der nullte Hauptsatz ermöglicht es, Temperaturen von zwei Körpern auf Gleichheit zu überprüfen. Zwei Körper haben die gleiche Temperatur, wenn bei gegenseitiger Berührung keine Energie (Wärme) von einem Körper auf den anderen übertragen wird. Haben beide Körper unterschiedliche Temperaturen, geht Energie (Wärme) vom wärmeren Körper zum kälteren über. Dies geschieht so lange, bis sich die Temperaturen einander angeglichen haben. Die Gleichgewichtstemperatur liegt dann zwischen den Ausgangstemperaturen der beiden Körper, abhängig von deren Wärmekapazität (dem Produkt aus deren Massen und spezifischen Wärmekapazitäten).

Im Kapitel über die kinetische Gastheorie hatten wir gesehen, daß die Temperatur eng mit der ungeordneten Teilchenbewegung eines Stoffes verknüpft ist und daß in idealen Gasen die Temperatur ein direktes Maß für die mittlere kinetische Energie der Teilchen ist. Die Temperatur ist eine intensive Größe. Das bedeutet, daß ein Körper seinen Temperaturwert beibehält, wenn der betrachtete Körper geteilt wird, während die innere Energie als extensive Größe Eigenschaften einer Menge hat, die aufgeteilt werden kann.

Durch die Definition der Temperatur in Kelvin (vgl Seite 12) wird auch eine Temperaturskala festgelegt, denn eine Erhöhung der Temperatur um ein Kelvin entspricht einer Änderung der thermodynamischen Temperatur, die mit einer Änderung der thermischen Energie (kT) um $1.380649 \cdot 10^{-23}\,J$ einhergeht. Diese Temperaturskala bekommt den Namen Kelvin-Skala. Der Nullpunkt der Kelvinskala liegt im absoluten Nullpunkt bei $0\,K$. Bei diesem ruhen die Moleküle und somit sind dann die Energie und die Temperatur Null. Diese Temperatur ist weder messbar noch erreichbar. Die Kelvin-Skala wird in grundlegenden wissenschaftlichen Arbeiten verwendet.

Vor 2019 war das Kelvin über die Temperatur am Tripelpunkt von Wasser definiert

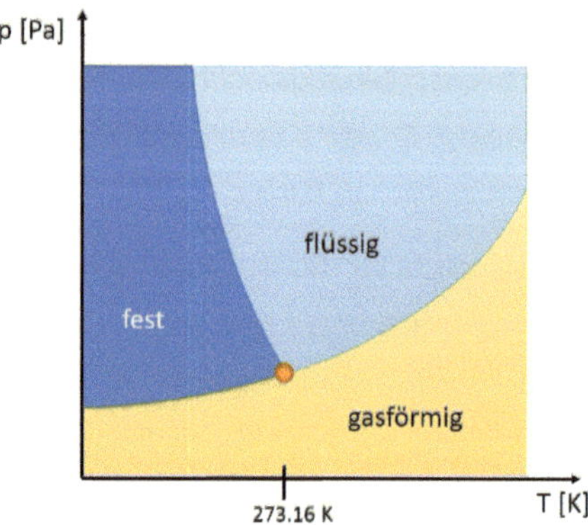

Abbildung 8: pT-Phasendiagramm von Wasser mit Tripelpunkt.

(Vgl Abb 8). Bei diesem Tripelpunkt kann H_2O sowohl fest (als Eis) als auch flüssig als auch gasförmig (Wasserdampf) existieren. Hierbei haben alle drei Phasen den gemeinsame Druck von $611.657(\pm0.010)\,Pa$, was einem Wert von $\approx 6\,mbar$ entspricht. Dies ist der sogenannte Sättigungsdampfdruck des reinen Wassers. Nach der Neudefinition des Kelvin ist die Temperatur am Tripelpunkt wieder mit einer gewissen Messunsicherheit experimentell zu bestimmen. Diese Unsicherheit betrug bei Einführung der Neudefinition $100\,\mu K$. Innerhalb dieser Unsicherheit liegt der Zahlenwert des Tripelpunktes von Wasser bei $T_3 = 273.16\,K$, wobei sich der Index 3 auf die drei am Tripelpunkt koexistierenden Aggregatzustände bezieht.

In Deutschland, Österreich und der Schweiz ist eine weitere Temperatur-Skala, nämlich die Celsius-Skala mit der Einheit Grad Celsius ($^\circ C$), zulässig und gebräuchlich. Das Grad Celsius ist eine abgeleitete SI-Einheit und wird im umgangssprachlichen, wirtschaftlichen und teilweise auch im wissenschaftlichen Gebrauch benutzt. Der Celsius-Grad hat dieselbe Größe wie das Kelvin. Der Temperaturnullpunkt der Celsius-Skala liegt bei $273.15\,K$. Für Temperaturdifferenzen ist das Grad Celsius identisch mit dem Kelvin. Somit liegt der Wert $100\,^\circ C$ bei $373.15\,K$. Temperaturdifferenzen werden in K angegeben. Die Differenz zweier Celsiustemperaturen kann auch in K angegeben werden. Der Zahlenwert ist in beiden Fällen gleich.

Temperaturen in $^{\circ}C$ bekommen den Formelbuchstaben ϑ und haben einen um 273.15 kleineren Zahlenwert als entsprechende Temperaturen in K. Beide Skalen können ineinander umgerechnet werden, es gilt:

$$\frac{\vartheta}{^{\circ}\mathrm{C}} = \frac{T}{\mathrm{K}} - 273.15. \tag{15}$$

In den USA ist noch die Temperatureinheit Fahrenheit gebräuchlich. Neben dem Kelvin, dem Celsius und Fahrenheit gibt es weitere, mittlerweile gänzlich unüblichen Skalen, wie zB die Réaumur- (^{o}R) oder die Rankine-Skala (^{o}Ra). Einige Temperaturwerte in unterschiedlichen Skalen sind in folgender Tab 10 aufgelistet.

Fahrenheit (^{o}F)	Réaumur (^{o}R)	Celsius (^{o}C)	Kelvin (K)
	1228	1535	1808
212	80		373.15
32		0	273.15
0	-14.22		255.37
-459.68	-218.52	-273.15	0

Tabelle 10: Einige Temperaturwerte bei unterschiedlichen Temperaturskalen.

AUFGABE: *Leite analog zur Formel (15) eine entsprechende Umrechnungsformel Zwischen der Kelvin- und der Fahrenheit-Skala her und vervollständige damit die Tab 10.*

1.8 Thermische Ausdehnung

Aus dem Alltagsleben wissen wir, daß sich die meisten Materialien bei Erwärmung ausdehnen. Aus den Nachrichten sind zB Berichte darüber bekannt, daß sich an heißen Tagen Eisenbahnschienen auf Grund von Ausdehnung verbiegen. Das Flugzeug Concorde dehnte sich bei Überschallflügen auf Grund von Reibung um $12.5\,cm$ in der Länge aus und die Nase des Flugzeugs erwärmte sich auf $130\,^{\circ}C$. Ähnliche

Ausdehnungswerte wurden beim Überschallflugzeug Tupolev-144 gemessen. Beide Flugzeuge sind in Abb 9 abgebildet.[8]

Abbildung 9: Die Überschallflugzeuge Concorde und Tupolev-144.

Im Schiffs- und im Flugzeugbau werden Nieten vor dem Einbau in Trockeneis gekühlt, so daß sie sich nach dem Einbau wieder ausdehnen und damit fester sitzen. Vom Straßenbau sind die Dehnungsfugen bekannt.

Bezeichnet L_0 die Länge des Festkörpers vor einer Temperaturänderung, so wird die durch eine Temperaturänderung um ΔT hervorgerufene Längenänderung des Körpers beschrieben durch

$$L = L_0\, e^{\alpha\,\Delta T}, \tag{16}$$

mit dem linearen Ausdehnungskoeffizienten α. Für die allermeisten Anwendungen reicht es jedoch aus, die ersten beiden Terme der Taylorreihe der Exponentialfunktion zu verwenden. Das liefert in guter Näherung die Berechnungsformel

$$L = L_0(1 + \alpha\Delta T). \tag{17}$$

Die linearen Ausdehnungskoeffizienten sind Material- und Temperaturabhängig. Einige Werte von α für verschiedene Materialien sind in folgender Tab 11 aufgelistet.

BEISPIEL 1.8.1: *Eine Eisenbahnschiene aus Stahl mit der Länge $30\,m$ zieht sich bei einer Abkühlung von $50\,°C$ auf $-30\,°C$ um etwa $3\,cm$ zusammen, denn*

$$L = 30\,m\,(1 + 12 \cdot 10^{-6}K^{-1} \cdot \{-30 - 50\}\,K) = 29.9712\,m,$$

und damit $\Delta L = -2.88\,cm$. Mit Formel (16) würde sich der Wert $\Delta L = -2.881383\,cm$ ergeben.

---

[8] © Eduard Marmet via Wikimedia bzw Armstrong Flight Research Center of the United States NASA

Material	$\alpha\,(10^{-6}/K)$	Material	$\alpha\,(10^{-6}/K)$
Lithium	58.0	Zink	30.2
Blei	28.9	Magnesium	24.8
Aluminium	23.1	Zinn	22.0
Mangan	23.0	Silber	18.9
Kupfer	17.0	Beton	12.0
Stahl	$\approx 12.$	Jenaer Glas	5.0
Wolfram	4.5	Quarzglas	0.54

Tabelle 11: Lineare Ausdehnungskoeffizienten α für verschiedene Materialien bei $20\,°C$.

BEISPIEL 1.8.2: *Eine Bimetallstreifen bestehe aus zwei je $1\,mm$ starken Streifen des Materials Mangan bzw Wolfram mit den linearen Ausdehnungskoeffizienten α_M und α_W.*

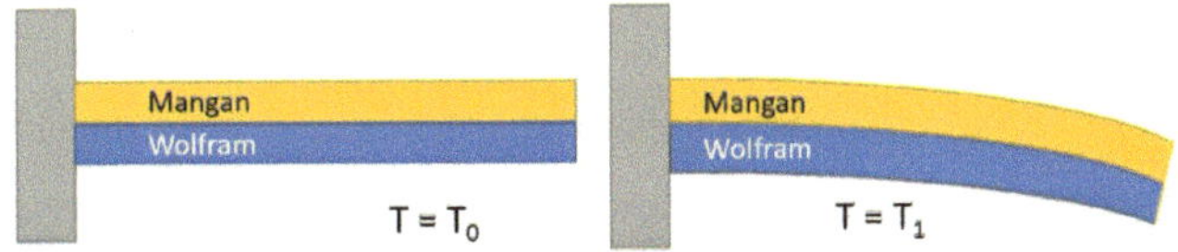

Abbildung 10: Ein Bimetallstreifen bei unterschiedlichen Temperaturen.

Wie hängt der Krümmungsradius von einer Temperaturänderung von $\Delta T = 500\,K$ ab, wenn der Bimetallstreifen bei $0\,°C$ einen Radius von $R = \infty$ habe? Nimm an, daß sich der Radius im Verhältnis zur Streifendicke d verhält wie die mittlere Länge zur Längendifferenz, also gemäß $R = d/\{(\alpha_M - \alpha_W)\Delta T\}$.

Lösung: Die beiden Teilstreifen sind fest aufeinander geschweißt. Nur die Außenzonen können sich daher gemäß ihrem α ausdehnen. Weiter innen hält ein Metall das andere zurück, und es bilden sich mechanische Spannungen aus. Ein Stück der ursprünglichen Länge L hat nach Erwärmung um ΔT oben die Länge $L(1 + \alpha_M\Delta T)$ und unten die Länge $L(1 + \alpha_W\Delta T)$. Das ist nur möglich, wenn der Streifen sich zu einem Kreisbogen vom Radius R biegt. Für die Differenz der Längenausdehnungs-

koeffizienten von Mangan und Wolfram ergibt sich (vgl Tab 11)

$$\alpha_M - \alpha_W = 23 \cdot 10^{-6}/K - 4.5 \cdot 10^{-6}/K = 18.5 \cdot 10^{-6}K^{-1}.$$

Wegen $d = 2\,mm$ und $\Delta T = 500\,K$ ergibt sich für den Krümmungsradius

$$R = d/\{(\alpha_M - \alpha_W)\Delta T\} = \frac{2\,mm\,K}{18.5 \cdot 10^{-6}\,500\,K} \approx 21.6\,cm.$$

Ein Volumen V_0 dehnt sich in guter Näherung nach folgender Formel aus:

$$V = V_0(1 + \alpha\Delta T)^3 = V_0\left\{1 + 3\alpha\Delta T + 3(\alpha\Delta T)^2 + (\alpha\Delta T)^3\right\} \approx V_0(1 + 3\alpha\Delta T),$$

wobei die Terme $3(\alpha\Delta T)^2$ und $(\alpha\Delta T)^3$ sehr klein sind und vernachlässigt werden. Wird hier zur Abkürzung der Raumausdehnungskoeffizient $\gamma = 3\alpha$ eingeführt, so folgt für die Volumenänderung

$$V = V_0(1 + \gamma\Delta T). \tag{18}$$

Selbsttest: *In folgender Abb 11 sind vier Metallplatten aus demselben Material mit Kantenlängen L, $2L$, $3L$, $4L$ und $6L$ zu sehen. Jedem der Rechtecke werde die gleiche Wärmemenge Q zugeführt. Ordne die Rechtecke nach dem zu erwartenden Zuwachs in*

a) ihrer vertikalen Höhe und

b) ihrer Fläche an.

Größte Werte bitte zuerst.

Flüssigkeiten haben i. Allg. einen höheren Ausdehnungskoeffizienten als Festkörper. Wasser verhält sich allerdings anders als die meisten anderen Flüssigkeiten. Zwischen $0\,°C$ und $3.98\,°C$ zieht sich Wasser bei Temperaturerhöhung zusammen und oberhalb von $3.98\,°C$ dehnt sich Wasser aus. Dieses Verhalten wird als die Anomalie des Wassers bezeichnet. Wegen dieses Anomalieverhaltens gefrieren Gewässer von oben nach unten zu. Hierdurch können zB Fische unter dem Eis weiterleben und Eiswürfel schwimmen auf dem Whisky im Glas. Es gibt weitere Stoffe

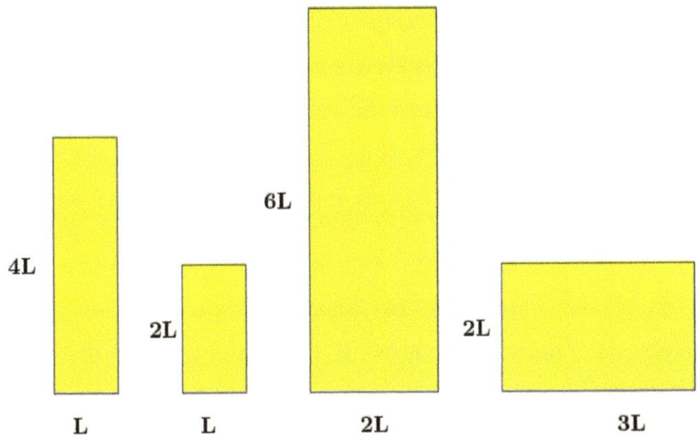

Abbildung 11: Vier Rechtecke mit den Kantenlängen L, $2L$, $3L$, $4L$ und $6L$.

mit einem Anomalie-Verhalten, zB Bismut, Gallium, Plutonium oder auch Silicium. Einige kubische Ausdehungskoeffizienten für Wasser sind in folgender Tab 12 enthalten.

Wasser bei	$\gamma\,(10^{-3}/K)$	Wasser bei	$\gamma\,(10^{-3}/K)$	Wasser bei	$\gamma\,(10^{-3}/K)$
$0\,°C$	-0.068	$20\,°C$	0.2064	$100\,°C$	0.782

Tabelle 12: Raumausdehnungskoeffizienten γ für Wasser bei unterschiedlichen Temperaturen.

1.9 Der erste Hauptsatz der Thermodynamik

Im Kapitel über die kinetische Gastheorie wurde die innere Energie eines Systems definiert als die Summe der Energien aller im System befindlichen atomaren Teilchen. Im Detail hatten wir die thermische Energie bei idealen Gasen besprochen, also die kinetische und die potentielle Energie der Teilchenbewegungen. Nicht besprochen hatten wir demzufolge die chemische innere Energie sowie die nukleare innere Energie.

Die Temperatur T wurde in Gleichung (9) über die durchschnittliche kinetische Energie der Atome bzw der Moleküle definiert. Wärme Q wurde als der Transport von Energie zwischen Systemen aufgrund von temporären Temperaturunterschieden festgelegt. Die innere Energie U eines Systems beschreibt die Gesamtheit aller diesem System zugeführten oder von ihm in Form von Arbeit oder Wärme übertragenen Energien.

Es kann beobachtet werden, daß bei Zustandsänderungen eines Systems sich sowohl die Wärme Q als auch die Arbeit W in Abhängigkeit von der Art der Zustandsänderung ändern können.

In diesem Kapitel wird der erste Hauptsatz der Thermodynamik formuliert. Er verallgemeinert den Energiebegriff und postuliert das Naturgesetz von der Erhaltung der Energie. Er ist die Grundlage für die Bilanzierung von Energien. Die in einem System gespeicherte Energie (die innere Energie) ist eine extensive Zustandgröße. Wird ein thermodynamisches System geteilt oder mit einem anderen thermodynamischen System vereint, so ändert sich die innere Energie in den Teilen oder dem neuen Gesamtsystem. Die Temperatur dahingegen ist eine intensive Zustandsgröße, denn die neuen Teilsystemen haben nach dem Teilen dieselbe Temperatur wie vorher.

BEISPIEL 1.9.1: *a) Werden zwei Metallplatten gleicher Temperatur und unterschiedlicher innerer Energie in thermischen Konstakt gebracht, so hat das dabei neu entstehende System weiterhin die gleiche Temperatur, aber die innere Gesamtenergie ergibt sich durch Addition der Teilenergien.*
b) Werden zwei Metallplatten unterschiedlicher Temperatur in thermischen Kontakt gebracht, so fließt Wärme von der heißeren zur kälteren Platte und zwar unabhängig davon, welche der beiden Platten die größere ist.

> *In einem abgeschlossenen thermodynamischen System wandelt sich*
> *die als Wärme und als Arbeit zugeführte Energie in innere Energie um.*
>
> $$\Delta U = \Delta Q + \Delta W.$$

Treten nur infinitesimale Änderungen auf, so wird dieser Hauptsatz auch in der differentiellen Form

$$dU = \delta Q + \delta W$$

geschrieben. Hierbei geben die unterschiedlichen Bezeichnungen d und δ an, daß es sich bei U um eine Zustandsgröße handelt, die von p, T, V und n abhängen kann und Q und W dies nicht tun. Man sagt auch, daß dU ein im Gegensatz zu δQ und δW vollständiges Differential ist. Per Definition gilt folgende

VORZEICHENREGEL:

> *Wird dem betrachteten thermodynamischen System Wärme zugeführt,*
> *so ist Q positiv. Wird Wärme abgeführt, so ist Q negativ. Wird von der*
> *Umgebung am System Arbeit verrichtet, so ist W positiv. Verrichtet da-*
> *hingegen das System Arbeit, so ist W negativ.*

Es gibt leider keine einheitliche Schreibweise des ersten Hauptsatzes. In manchen Büchern wird $-W$ anstelle von $+W$ geschrieben. Dies hängt von der Betrachtungsrichtung ab (vom System aus, oder von der Umgebung aus).

1.9.1 Arbeit

Aus unserem Alltag kennen wir viele Maschinen, die Arbeit (Volumenarbeit) verrichten. Beispiele hierfür sind

a) Dampfmaschinen, bei denen durch Erhitzen von Wasser in einem Kessel Wasserdampf erzeugt wird, welcher dann beim Ausdehnen einen Kolben bewegt und dadurch Arbeit verrichtet.

b) Oder auch Verbrennungsmotoren, bei denen eine Kraftstoff-Luft-Mischung zur
Explosion gebracht wird und die dabei entstehenden heißen gasförmigen Re-
aktionsprodukte einen Kolben bewegen und dadurch Arbeit verrichten.

Wird ein Gas von einem Anfangsvolumen V_A auf ein Endvolumen V_E expandiert
(oder auch komprimiert), so wird die dem Gas netto zugeführte Arbeit durch Integration über die Volumenänderung berechnet:

$$W = - \int_{V_A}^{V_E} p(V, T)\, dV.$$

Hierbei ist zu beachten, daß sich der Druck p des Gases bei Expansion oder bei
Kompression ändert, denn der Druck hängt vom Volumen und der Temperatur des
Gases ab. Das Minuszeichen vor dem Integral ist durch den Betrachtungsstand-
punkt festgelegt. Per Definition gilt folgende

VORZEICHENREGEL:

> *Die verrichtete Arbeit wird als positiv betrachtet, wenn das Volumen des
> Gases abnimmt. Nimmt das Volumen zu, so ist die verrichtete Arbeit
> negativ.*

Am Einfachsten können die verschiedenen Möglichkeiten der Änderungen in sogenannten pV-Diagrammen dargestellt werden.

1.9.2 pV-Diagramme

Es gibt einige wichtige Zustandänderungen in thermodynamischen Systemen, die
besondere Bezeichnungen bekommen.

- Isotherme Prozesse sind solche, die bei konstanter Temperatur ablaufen.

- Isochore Prozesse sind solche, bei denen das Volumen konstant bleibt.

- Isobare Prozesse sind solche, die bei konstantem Druck ablaufen.

- Adiabatische Prozesse sind solche, bei denen keine Wärme in das System hinein oder aus ihm hinaus gelangt. (Auf diese Prozesse wird später eingegangen).

In pV-Diagrammen werden die möglichen Zustandänderungen von Gasen dargestellt, indem das Volumen V gegen den Druck p in einem rechtwinkligen Koordinatensystem aufgetragen wird. Da der Zustand eines Gases durch die Größen p und V eindeutig festgelegt wird, wird der betreffende Zustand des Gases eindeutig spezifiziert durch einen Punkt im pV-Diagramm. Eine Kurve im pV-Diagramm beschreibt den Prozess, den das Gas durchläuft, wenn es von einem Anfangszustand (p_A, V_A) zu einem Endzustand (p_E, V_E) geführt wird.

In den in Abb 12 (Seite 56) gezeigten Diagrammen werden beispielhaft drei verschiedene Wege (Kurven) betrachtet, bei denen ein ideales Gas vom Anfangszustand (p_A, V_A) in den Endzustand (p_E, V_E) gelangen kann. Hierbei sollen die Anfangs- und die Endtemperatur gleich sein. Damit gilt dann

$$p_A V_A = p_E V_E = n\,R\,T.$$

Da bei einem idealen Gas die innere Energie nur von der Temperatur abhängt, ist sie im Anfangs- und im Endzustand ebenfalls dieselbe.

In Abb 12 (a) wird ein Gas bei konstantem Volumen (isochor bzw isometrisch) erwärmt, bis daß der Druck p_E erreicht ist. Danach wird es bei konstantem Druck (isobar) solange abgekühlt, bis das Volumen V_E erreicht ist. Die dabei verrichtete Arbeit ist

$$W = -\int_{V_A}^{V_E} p_E\,dV = -p_E(V_E - V_A).$$

Ist hier das Endvolumen kleiner als das Anfangsvolumen, so ist die verrichtete Arbeit positiv. Beachte auch, daß der Wert des Integrals längs des „Aufwärtsweges" bei konstantem Volumen null ist. Die verrichtete Arbeit entspricht der gefärbten Fläche unter der Kurve.

In Abb 12 (b) wird das Gas bei konstantem Druck (isobar) solange abgekühlt, bis es das Volumen V_E erreicht hat. Dann wird es bei konstantem Volumen (isochor bzw isometrisch) erwärmt, bis daß der Druck p_E erreicht ist. Hier ist die verrichtete Arbeit gleich $W = -p_A(V_E - V_A)$, wobei auch hier die Integration längs des „Aufwärtsweges" null ergibt. Ein Vergleich der gefärbten Flächen unter den Kurven zeigt, daß die im Fall (b) verrichtete Arbeit geringer ist als die beim Diagramm (a).

In Abb 12 (c) wird das Gas bei konstanter Temperatur (isotherm) auf das Endvolumen V_E beim Enddruck p_E komprimiert. Für das ideale Gas gilt $p = n\,R\,T/V$, sodaß hier die Arbeit

$$W \;=\; -\int_{V_A}^{V_E} p(V)\,dV = -\int_{V_A}^{V_E} \frac{nRT}{V}\,dV = -nRT\int_{V_A}^{V_E}\frac{1}{V}\,dV = -nRT\ln\frac{V_E}{V_A}$$
$$=\; nRT\ln\frac{V_A}{V_E}$$

verrichtet wird. Die Volumenarbeit entspricht wieder der gefärbten Fläche unter der Kurve.

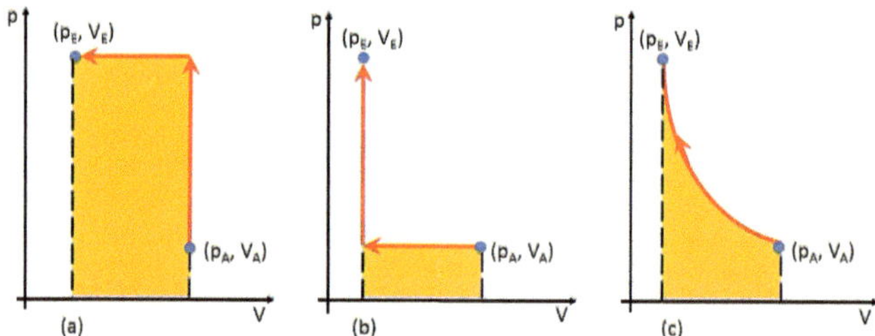

Abbildung 12: pV-Diagramm eines idealen Gases mit drei möglichen Wegen der Kompression.

Die drei besprochenen Möglichkeiten zeigen also, daß

1. die verrichtete Volumenarbeit unterschiedlich ausfällt, jenachdem welcher Weg bestritten wird,

2. die Änderung der inneren Energie nur vom Anfangs- und vom Endzustand abhängt, nicht aber vom Weg der zwischen ihnen durchlaufen wird,

3. und, da sich die innere Energie bei konstanter Temperatur aus der verrichteten Arbeit und der übertragenen Wärme zusammensetzt, daß die übertragene Wärme bei den drei unterschiedlichen Wegen jeweils unterschiedlich ist.

BEISPIEL 1.9.2.1: *Für ein ideales Gas gilt die Gasgleichung $pV = nRT$. Es befinde sich in einem Anfangszustand (p_A, V_A) und werde dem in Abb 13 gezeigten zyklischen Prozess unterworfen.*

1. *Zuerst wird das Gas vom Punkt A bei konstanten Druck abgekühlt bis es im Punkt B das Volumen V_B erreicht.*

2. *Dann wird es bei konstantem Volumen erwärmt bis es im Punkt C den Druck p_C erreicht.*

3. *Nun wird das Gas expandiert, bis es wieder das Volumen V_A im Punkt D erreicht.*

4. *Schließlich wird das Gas bei konstantem Volumen abgekühlt bis es im Punkt A wieder den Druck p_A ereicht.*

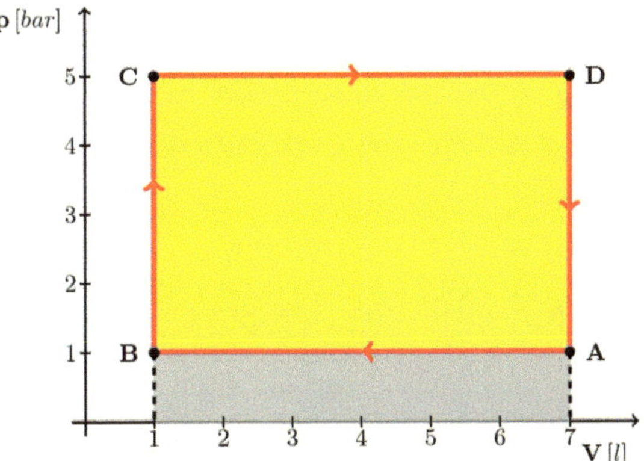

Abbildung 13: pV-Diagramm eines idealen Gases bei einem zyklischen Prozess.

Für jeden dieser vier Teilprozesse soll die dem Gas jeweils netto zugeführte Volumenarbeit und die ihm jeweils netto zugeführte Wärmemenge berechnet werden.

Die in den Punkten A bis D herrschenden Drücke sowie die jeweils eingenommen Volumina sind der Abb 13 zu entnehmen.

Schritt $A \to B$: Hier erfährt das Gas eine isobare Kompression und die zugeführte Arbeit ist positiv. Sie entspricht der Fläche unter dem Kurvenstück $A \to B$.

$$W_{AB} = -p_A \, \Delta V = -p_A \, (V_B - V_A) = -1 \, bar \cdot (1 \, l - 7 \, l) = 600 \, J.$$

Schritt $B \to C$: Hier wird das Gas bei konstantem Volumen ($\Delta V = 0$) erwärmt. Also gilt $W_{BC} = 0 \, J$.

Schritt $C \to D$: Hier wird das Gas bei konstantem Druck (isobar) expandiert, also ist die dem Gas zugeführte Arbeit negativ. Der Betrag der Arbeit entspricht der Fläche (gelb und grau) unter dem Kurvenabstück $C \to D$.

$$W_{CD} = -p_C \, \Delta V = -p_C \, (V_D - V_C) = -5 \, bar \cdot (7 \, l - 1 \, l) = -3000 \, J.$$

Schritt $D \to A$: Hier kühlt das Gas bei konstantem Volumen ab, sodaß keine Arbeit verrichtet wird.

Zusammenfassung: a) Das Gas ist bei diesem zyklischen Prozess wieder in seinen Anfangszustand zurückgekehrt. Somit ist die Änderung seiner inneren Energie gleich null: $\Delta U = 0$.
b) Die Gesamtbilanz der Arbeit ergibt sich aus

$$W_g = W_{AB} + W_{BC} + W_{CD} + W_{DA} = 600 \, J + 0 \, J - 3000 \, J + 0 \, J = -2400 \, J.$$

c) Der unter b) errechnete Wert für die dem Gas zugeführte Arbeit ist negativ, weil vom Gas verrichtete Arbeit negativ und dem Gas zugeführte Arbeit positiv zu rechnen ist. Per Saldo hat das Gas also Arbeit verrichtet bzw abgegeben. Das Gas nimmt somit eine Wärmemenge von $2400 \, J$ aus der Umgebung auf und verrrichtet eine gleich große Arbeit an die Umgebung. Die ausgetauschte Arbeit entspricht der rot umrandeten gelben Fläche in Abb 13.

1.10 Der zweite Hauptsatz der Thermodynamik

Unsere Erfahrung lehrt uns, daß thermodynamische Prozesse einseitig gerichtet ablaufen. ZB kühlt sich der Kaffee im Laufe der Zeit ab, er wird nicht wärmer. Nach dem Platzen eines mit Helium gefüllten Luftballons werden sich die dann frei im Zimmer herumfliegenden Heliumatome nicht wieder zu einer Ballonform vereinen. Bei einem hinabfallender Stein wird dessen anfängliche potentielle Energie in kinetische Energie umgewandelt und nach dem Auftreffen auf einen harten Untergrund wird die kinetische Energie in thermische Energie (inner Energie) des Steins und des Bodens umgewandelt. Die Moleküle bewegen sich schneller und die Temperatur steigt (leicht) an. Einen hierzu umgekehrten Vorgang haben wir noch nie beobachtet.

Würden obige Beispiele umgekehrt ablaufen, so würde bei allen diesen Vorgängen die Energie erhalten bleiben und somit würde nicht gegen den ersten Hauptsatz (Energieerhaltung) der Thermodynamik verstoßen.

1.10.1 Reversible und irreversible Prozesse

Unter einem reversiblen Prozess wird ein „unendlich langsam" ablaufender Prozess verstanden, sodaß er als eine Aneinanderreihung von Gleichgewichtszuständen betrachtet werden kann. Ein solcher Prozess könnte auch rückwärts ablaufen, ohne Änderung der dabei auftretenden Arbeit oder der dabei ausgetauschten Wärme. Reversible Prozesse sind für theoretische Betrachtungen hilfreich, praktisch aber nicht realisierbar.

Alle realisierbaren thermodynamischen Prozesse sind irreversibel, das heißt, sie laufen nicht unendlich langsam ab und es können während ihres Ablaufs Reibung oder Turbulenzen im Gas stattfinden, die sich nicht umkehren lassen. Zu einem beliebig gegebenen Volumen gebe es keine wohldefinierten Werte für Druck und Temperatur.

1.10.2 Entropie

Neben den bisher bekannten thermodynamischen Zustandgrößen Temperatur, Druck, Volumen und Energie gibt es eine weitere, nämlich die Entropie.

DEFINITION:

> *Ein System befinde sich in einem Zustand Z_A, der durch einen Anfangs-*
> *druck p_A und eine Anfangstemperatur T_A gegeben ist. Ändert sich der*
> *Zustand des Systems in einem reversiblen Prozess, sodaß ein Endzu-*
> *stand Z_E mit dem Enddruck p_E und der Endtemperatur T_E erreicht wird,*
> *so heißt*
>
> $$\Delta S = S_E - S_A = \int_{Z_A}^{Z_E} \frac{1}{T}\, dQ_{reversibel}. \tag{19}$$
>
> *die Entropie dieser Zustandsänderung. Hierbei bezeichne Q die vom*
> *Prozess bei dieser Änderung aufgenommene oder abgegebene Wär-*
> *meenergie und T die Temperatur des Systems in Kelvin. Somit hat die*
> *Entropie bzw die Entropieänderung die SI-Einheit $[S] = J\,K^{-1}$.*

Im Folgenden wird die Entropieänderung zunächst für ein ideales Gas besprochen. Dieses nehme in einem reversiblen Prozess eine Wärmemenge dQ auf. Nach dem ersten Hauptsatz der Thermodynamik hängt diese Wärmeaufnahme mit der Änderung dU der inneren Energie des Gases und der an ihm verrichteten Arbeit $dW = -p\,dV$ gemäß

$$dU = dQ + dW = dQ - p\,dV$$

zusammen. Nun kann dU für das ideale Gas mittels der molaren Wärmekapazität ausgedrückt werden (vgl Seite 34, Gleichung (12)), also durch $dU = n\,C_V\,dT$. Weiterhin kann für das ideale Gas die Zustandgleichung $p = nRT/V$ eingesetzt werden. Somit ergibt sich

$$nC_V dT = dQ - nRT\frac{dV}{V} \iff \frac{dQ}{T} = nC_V\frac{dT}{T} + nR\frac{dV}{V}.$$

Da die Wärmekapazität C_V nur von T abhängt und n und R konstant sind, können beide Seiten dieser Gleichung integriert werden. Damit ergibt sich

$$\Delta S = S_E - S_A = \int_{Z_A}^{Z_E} \frac{1}{T}\, dQ = \int_{T_A}^{T_E} nC_V \frac{1}{T}\, dT + nR \int_{V_A}^{V_E} \frac{1}{V}\, dV. \tag{20}$$

Falls die Wärmekapazität C_V konstant ist, also nicht von T abhängt, so vereinfacht sich diese Gleichung zu

$$\Delta S = \int_{Z_A}^{Z_E} \frac{1}{T}\, dQ = nC_V \ln \frac{T_E}{T_A} + nR \ln \frac{V_E}{V_A}. \tag{21}$$

Bei dieser Integration wurde kein besonderer Prozess vorgegeben, sodaß das Ergebnis für alle reversiblen Prozesse gilt, bei dem ein ideales Gas von einem Anfangs- in einen Endzustand überführt wird. Die Entropieänderung eines idealen Gases hängt somit nur von den Eigenschaften des Anfangszustands (V_A und p_A) und des Endzustands (V_E und p_E) ab. Insbesondere hängt sie nicht vom gewählten Integrationsweg ab, der diese beiden Zustände verbindet.

1.10.3 Beispiele für Entropieänderungen

Im Folgenden wird die Entropieänderung für einige spezielle Prozesse bei idealen Gasen betrachtet.

Beispiel 1: ΔS bei isothermer Expansion. Da bei einer isothermen Zustandsänderung die Temperatur konstant bleibt, also $T_A = T_E$ gilt, ist der erste Term auf der rechten Seite in (21) null. Folglich ergibt sich

$$\Delta S = nR \ln \frac{V_E}{V_A}. \tag{22}$$

Da V_E größer als V_A ist, ist ΔS positiv. Die vom Gas in Form von Wärme aufgenommene Energiemenge Q entspricht betragsmäßig der vom Gas verrichteten Arbeit

$$Q = -W = \int_{V_A}^{V_E} p\, dV = nRT \int_{V_A}^{V_E} \frac{dV}{V} = nRT \ln \frac{V_E}{V_A}. \tag{23}$$

Die Entropieänderung des Gases ist somit gegeben durch $\Delta S_G = \frac{|Q|}{T}$. Da von der Umgebung des Gases dieselbe Energiemenge mit der Temperatur T abgegeben wird, ist dessen Entropieänderung gegeben durch $\Delta S_U = -\frac{|Q|}{T}$. Die gesamte Entropieänderung von Gas und Umgebung ist also null:

$$\Delta S_{gesamt} = \Delta S_G + \Delta S_U = 0.$$

Wird hier und im Folgenden die Gesamtheit aus Gas und Umgebung des Gases als „Universum" bezeichnet, so gilt folgender, allgemeingültiger,

**SATZ:

> *Bei einem reversiblen Prozess ist die Entropieänderung des Universums gleich null.*

Beispiel 2: ΔS bei freier Expansion. Ein ideales Gas befinde sich in einem Behälter, der über einen Absperrhahn mit einem zuvor evakuierten Behälter verbunden ist. Die gesammte Anordnung habe starre Wände und sei von der Umgebung thermisch isoliert, sodaß weder Wärme noch Arbeit mit der Umgebung ausgetauscht werden kann. Wird der Hahn geöffnet, strömt das Gas in den evakuierten Behälter und nach einiger Zeit ist ein Gleichgewichtszustand erreicht. Die innere Energie des Gases ist konstant geblieben, und somit auch die Temperatur des Gases. Da der Prozess der freien Expansion nicht reversibel ist, kann die Entropie nicht mit der Formel (19) berechnet werden. Da aber die Entropieänderung eines Systems unabhängig vom Prozess ist und nur vom Anfangs- und vom Endzustand abhängt, ist sie genausogroß wie bei der reversiblen Expansion. Hat der Anfangszustand das Volumen V_A und der Endzustand das Volumen V_E, so ergibt Gleichung (19) die Entropieänderung

$$\Delta S_{Gas} = nRT \ln \frac{V_E}{V_A}. \tag{24}$$

Da das Gas von der Umgebung thermisch isoliert ist, kann in der Umgebung bei der freien Expansion keine Änderung auftreten, also muß $\Delta S_{Umgebung} = 0$ gelten. Somit ist die Entropieänderung des Universums gegeben durch

$$\Delta S_{gesamt} = \Delta S_{Gas} = nRT \ln \frac{V_E}{V_A}.$$

Wegen $V_E > V_A$ ist die gesamte Entropieänderung bei diesem irreversiblen Prozess positiv. Daher gilt der

SATZ:

> *Bei einem irreversiblen Prozess nimmt die Entropie des Universums zu.*

Die beiden letzten Sätze können zu einer ersten Formulierung des zweiten Hauptsatzes der Thermodynamik zusammengefaßt werden:

> *Es gibt keinen Prozess, durch den die Entropie des Universums ab-*
> *nimmt. Es gilt*
>
> $$\Delta S \geq 0. \tag{25}$$
>
> *Da die Entropie als Zustandsgröße nicht davon abhängt, wie ein System*
> *von einem Gleichgewichtszustand in einen anderen gelangt, kann die*
> *Entropiezunahme anhand eines reversiblen Ersatzprozesses berechnet*
> *werden.*

In der Gleichung $\Delta S \geq 0$ bezieht sich das „Größerzeichen" auf irreversible Prozesse und das „Gleicheitszeichen" auf reversible Prozesse. Wie eingangs in Kap 1.10.1
erwähnt, ist zu beachten, daß reale Prozesse immer zu einem gewissen Grad irreversibel sind. Faktoren wie zB Reibung oder Turbulenzen sind nicht vermeidbar.
Prozesse, bei denen die Entropie konstant bleibt, können nur Idealisierungen sein.

Beispiel 3: ΔS bei Prozessen mit konstantem Druck. Ein Gas soll unter konstantem
Druck von einer Temperatur T_A auf T_E erwärmt oder abkühlt werden. Hierbei nimmt
es eine Wärmemenge

$$dQ = nC_p dT$$

auf. Wird der Prozess sehr langsam durchgeführt, so kann er als annähernd reversibel betrachtet werden. Unter der Voraussetzung, daß Anfangs- und Endvolumen
identisch sind und daß C_p konstant ist, ist die dabei erfolgte Entropieänderung gegeben durch

$$\Delta S = nC_p \ln \frac{T_E}{T_A}.$$

Diese Gleichung gilt ebenfalls für irreversible Prozesse.

Beispiel 4: *Wird exemplarisch $1\,kg$ Wasser bei konstantem Druck von $0\,°C$ auf $100\,°C$*
erwärmt, so berechnet sich die erfolgte Entropieänderung wie folgt: Mit der Glei-
chung $Q = cm\Delta T$ ergibt sich, daß die Wärmemenge

$$Q = 4.182\,kJ\,kg^{-1}\,K^{-1}\,1\,kg\,100\,K = 418.2\,kJ$$

zum Erwärmen des Wassers benötigt wird. Für die Entropieänderung folgt

$$\Delta S = \frac{Q}{T_A} - \frac{Q}{T_E} = \frac{Q\,\Delta T}{T_A \cdot T_E} = \frac{418.2\,kJ\,(373.15\,K - 273.15\,K)}{273.15\,K \cdot 373.15\,K} = 410.3\,J\,K^{-1}.$$

Selbsttest: 1 kg *Wasser werde bei konstantem Druck von einer Anfangstemperatur* T_A *auf eine Endtemperatur* T_E *erwärmt. Ordne die dabei erfolgten Entropieänderungen der Größe nach für die Fälle*

a) $T_A = 10\,°C$ *und* $T_E = 30\,°C$,

b) $T_A = 30\,°C$ *und* $T_E = 70\,°C$,

c) $T_A = 50\,°C$ *und* $T_E = 70\,°C$,

d) $T_A = 45\,°C$ *und* $T_E = 85\,°C$ *und*

e) $T_A = 15\,°C$ *und* $T_E = 95\,°C$.

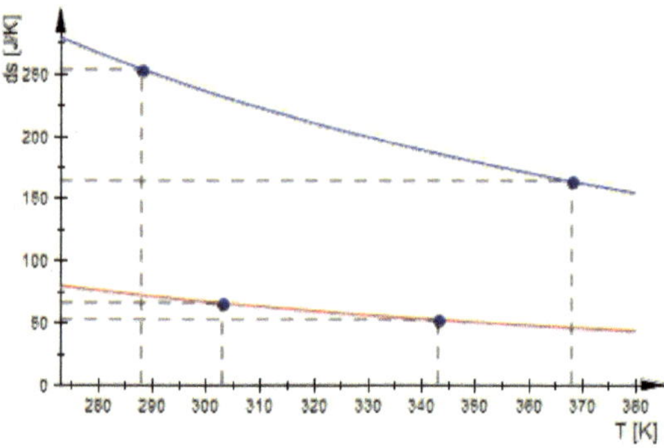

Abbildung 14: Änderung der Entropie für b) $\Delta T = 40\,°C$ (untere Kurve) und e) $\Delta T = 80\,°C$ (obere Kurve).

Antwort: c) < a) < d) < b) < e).

1.11 Thermodynamische Maschinen

Der erste Hauptsatz der Thermodynamik besagt, daß die Energie in einem abgeschlossenen System, also auch im Universum, konstant bleibt. Trotzdem spricht aktuell jeder davon, daß Energie gespart werden muß. Was ist damit eigentlich gemeint? In der Thermodynamik kann unterschieden werden in „gut nutzbare" und in „weniger gut nutzbare" Energieformen. Der zweite Hauptsatz der Thermodynamik gibt Auskunft über die Möglichkeit oder die Unmöglichkeit der Nutzung einer vorhandenen Energiemenge. In diesem Kapitel werden Wärmekraftmaschinen besprochen, darunter werden Maschinen verstanden, die aus ihrer Umgebung Wärmeenergie aufnehmen und damit Arbeit leisten. Jede Maschine benötigt dazu eine Arbeitssubstanz. Bei einem Automotor ist dies ein Luft-Kraftstoff-Gemisch, bei einer Dampfmaschine ist dies Wasser und Wasserdampf. Damit dies auf Dauer gut funktioniert, muß die Arbeitsweise von Maschinen auf einem Kreisprozess beruhen. Dh, daß die Arbeitssubstanz in einer Folge geschlossener thermodynamischer Prozesse immer wieder zu denselben Ausgangszuständen zurückkehren muß.

1.11.1 Die Carnot-Maschine

Zunächst wird eine besonders ideale Maschine besprochen, die Carnot-Maschine. Diese ist benannt nach dem französischen Physiker Carnot[9]. Eine Carnot-Maschine arbeitet gemäß folgendem Zyklus:

1. Von einem Wärmereservoir wird bei konstant hoher Temperatur T_H eine Wärmemenge $|Q_H|$ entnommen.

2. Diese wird an die Arbeitssubstanz übertragen.

3. Die Wärmemenge $|Q_N|$ wird von der Arbeitssubstanz an ein zweites Wärmereservoir mit konstant niedriger Temperatur T_N abgegeben.

---

[9]Nicolas Léonard Sadi CARNOT, 1.06.1796 - 24.08.1832, franz. Physiker und Ingenieur

4. Die Maschine bzw die Arbeitssubstanz verrichtet während dieses Prozesses
   an die Umgebung die Arbeit W und der Prozess beginnt von vorn.

Ein Carnot-Kreisprozess kann in einem pV-Diagramm oder auch in einem TS-Diagramm
dargestellt werden. Im pV-Diagramm besteht der Kreisprozess aus zwei isothermen
($a \rightarrow b$ und $c \rightarrow d$) und aus zwei adiabatischen ($b \rightarrow c$ und $d \rightarrow a$) Teilprozessen (vgl
Abb 15). Die von dem Kreisprozess eingeschlossene Fläche entspricht der von der
Carnot-Maschine in jedem Zyklus verrichteten Arbeit.

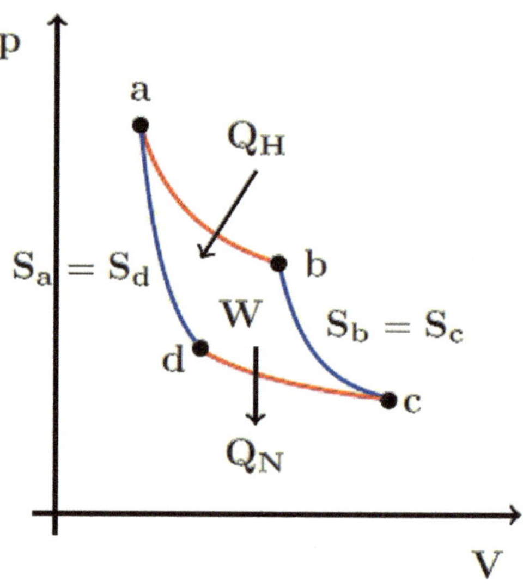

Abbildung 15: Ein pV-Diagramm des Carnot-Kreisprozesses.

Der in Abb 15 gezeigte Carnot-Kreisprozess verläuft vollkommen reversibel im Uhr-
zeigersinn ($a \rightarrow b \rightarrow c \rightarrow d \rightarrow a$), beginnend im Punkt a. Die aufgenommene Wärmemenge Q_H wird hierbei einem Wärmereservoir mit konstanter Temperatur T_H
entnommen und der Arbeitssubstanz zugeführt. Diese expandiert dabei isotherm
von einem Volumen V_a zum größeren Volumen V_b. Für die dabei verrichtete Arbeit
gilt

$$W_{ab} = \int_{V_a}^{V_b} p \, dV = nRT \int_{V_a}^{V_b} \frac{dV}{V} = nRT \ln \frac{V_b}{V_a}.$$

Bei dem anschließenden adiabatischen Prozess dehnt sich die Arbeitssubstanz ohne Wärmeaustausch vom Volumen V_b zum Volumen V_c aus und die Temperatur fällt dabei auf T_N ab. Mit der bei einem adiabatischen Prozeß geltenden Poisson-Gleichung (14) sowie mit der idealen Gasgleichung ($pV = nRT$) folgt zunächst

$$pV^\gamma = const \iff pVV^{\gamma-1} = const \iff nRTV^{\gamma-1} = const \iff T = \frac{const}{nRV^{\gamma-1}}.$$

Hieraus folgt weiter

$$\frac{dT}{dV} = \frac{const \cdot (1-\gamma)}{nRV^\gamma} = \frac{const \cdot (1-\gamma) \cdot T}{nRTV^\gamma} = \frac{const \cdot (1-\gamma) \cdot T}{pVV^\gamma} = (1-\gamma)\frac{T}{V}. \quad (26)$$

Damit folgt für die Arbeit

$$
\begin{aligned}
W_{bc} &= \int_{V_b}^{V_c} p\, dV = nR \int_{V_b}^{V_c} \frac{T}{V}\, dV = -\frac{nR}{\gamma-1} \int_{T_H}^{T_N} dT = -\frac{nR}{\gamma-1}(T_N - T_H) \\
&= -\frac{nRc_V}{c_p - c_V}(T_N - T_H) = -nc_V(T_N - T_H).
\end{aligned}
$$

Werden diese beiden Arbeiten zusammengefaßt, so ergibt sich

$$W_{abc} = W_{ab} + W_{bc} = nRT_H \ln \frac{V_b}{V_a} - nc_V(T_N - T_H).$$

Die Arbeitssubstanz dehnt sich bei den Prozessen von $a \to b$ isotherm und von $b \to c$ adiabatisch aus und verrichtet dabei eine positive Arbeit. Diese Arbeit entspricht der Fläche unter dem Kurvenabschnitt $a \to b \to c$.

Dann wird eine Wärmemenge Q_N einem zweiten Wärmereservoir mit konstant niedriger Temperatur T_N zugeführt. Hierbei wird die Arbeitssubstanz vom Volumen V_c auf das Volumen V_d isotherm komprimiert. Bei diesem Prozess, sowie bei der weiteren adiabatischen Komprimierung der Arbeitssubstanz vom Volumen V_d auf das Volumen V_a, verrichtet die Umgebung eine negative Arbeit

$$W_{cda} = W_{cd} + W_{da} = nRT_N \ln \frac{V_d}{V_c} - nc_V(T_H - T_N)$$

an der Arbeitssubstanz. Diese Arbeit entspricht der Fläche unter dem Kurvenabschnitt $c \to d \to a$. Die bei einem Durchlauf des Kreisprozesses insgesamt verrichtete Arbeit entspricht der Summe

$$W_{gesamt} = W_{abc} + W_{cdq} = nR(T_H - T_N) \ln \frac{V_b}{V_a} \quad (27)$$

und ist im Abb 15 mit W gekennzeichnet. Bei dieser Umformung wurde benutzt, daß $V_d/V_c = V_a/V_b$ gilt (vgl die Herleitung dieser Gleichung im nächsten Abschnitt, Gleichung (30)).

Der Carnot-Prozess weist jedoch einige, in der Praxis nicht realisierbare Annahmen auf. Bei der Beschreibung des Carnot-Prozesses wurde davon ausgegangen, daß alle vier Teilprozesse vollkommen reversibel ablaufen. Wie wir mittlerweile wissen, gibt es keine reversiblen Prozesse, denn Prozesse laufen nicht unendlich langsam ab und es können während ihres Ablaufs zB Reibung oder Turbulenzen stattfinden, die sich nicht umkehren lassen. Das Studium des Carnot-Prozesses als theoretischen Vergleichsprozess ist zum Verständnis von Wärmemaschinen hilfreich. Er gibt Aufschluß über die Güte anderer Prozesse, die bei denselben Temperaturen der jeweiligen heißen und kalten Wärmereservoire ablaufen.

1.11.2 Der Wirkungsgrad von Carnot-Maschinen

Wir betrachten einen Carnot-Kreisprozess, bei dem das Arbeitsmedium ein ideales Gas ist, das aus einer Anzahl von n Mol besteht. Der erste Teilprozess ($a \to b$, vgl Abb 15) verläuft isotherm, sodaß die vom Gas verrichtete Arbeit gegeben ist durch

$$W_{ab} = nRT_H \ln \frac{V_b}{V_a}.$$

Da die Temperatur sich nicht ändert, ist die innere Energie des Gases konstant. Nach dem ersten Hauptsatz der Thermodynamik gleicht die dem Gas zugeführte Wärme der vom Gas verrichteten Arbeit:

$$|Q_H| = nRT_H \ln \frac{V_b}{V_a}. \tag{28}$$

Analog ist die vom Gas abgeführte Wärme längs der Strecke $c \to d$ gleich

$$|Q_N| = nRT_N \ln \frac{V_c}{V_d}. \tag{29}$$

Für die adiabatischen Teilprozesse $b \to c$ und $d \to a$ gilt

$$p_b V_b^\gamma = p_c V_c^\gamma \quad \text{und} \quad p_d V_d^\gamma = p_a V_a^\gamma.$$

Mit dem idealen Gasgesetz ($pV = nRT$) folgt

$$\frac{p_b V_b}{T_H} = \frac{p_c V_c}{T_N} \quad \text{und} \quad \frac{p_d V_d}{T_N} = \frac{p_a V_a}{T_H}.$$

Aus den beiden letzten Gleichungszeilen ergibt sich

$$T_H V_b^{\gamma-1} = T_N V_c^{\gamma-1} \quad \text{und} \quad T_N V_d^{\gamma-1} = T_H V_a^{\gamma-1}.$$

Wird nun die linke durch die rechte Gleichung dividiert und dann der Logarithmus angewendet, so folgt

$$\left(\frac{V_b}{V_a}\right)^{\gamma-1} = \left(\frac{V_c}{V_d}\right)^{\gamma-1} \iff (\gamma-1)\ln\frac{V_b}{V_a} = (\gamma-1)\ln\frac{V_c}{V_d} \iff \ln\frac{V_b}{V_a} = \ln\frac{V_c}{V_d}. \tag{30}$$

Werden nun diese Ergebnisse in die Gleichungen (28) und (29) eingesetzt, so ergibt sich

$$\frac{|Q_N|}{|Q_H|} = \frac{T_N}{T_H}. \tag{31}$$

CARNOT'SCHER WIRKUNGSGRAD:

> *Der Wirkungsgrad einer reversiblen Carnot-Wärmekraftmaschine ist gegeben durch*
> $$\eta_{ideal} = 1 - \frac{|Q_N|}{|Q_H|} = 1 - \frac{T_N}{T_H}, \tag{32}$$
> *wobei die Temperaturen T_N und T_H in Kelvin anzugeben sind.*

Der Wirkungsgrad einer Wärmekraftmaschine nach dem Carnotprinzip hängt also nur von den Temperaturen T_N und T_H ab. Es gilt folgender

SATZ VON CARNOT:

> *Alle reversiblen Wärmekraftmaschinen, die zwischen denselben konstanten Temperaturen T_N und T_H arbeiten, haben denselben Wirkungsgrad. Eine beliebige irreversible Wärmekraftmaschine, die zwischen zwei gleichen festen Temperaturwerten arbeitet, hat einen Wirkungsgrad, der kleiner ist als dieser.*

Der Wirkungsgrad realer Wärmekraftmaschinen ist in der Praxis stets kleiner als der Carnot'sche Wirkungsgrad. Gut konstruierte Wärmekraftmaschinen können etwa $60\,\%$ bis $80\,\%$ des Carnot'schen Wirkungsgrades erzielen.

BEISPIEL 1.11.1.1: *Der maximal mögliche Wirkungsgrad eine Dampfmaschine, die mit den Temperaturen $T_H = 100\,°C$ und $T_N = 20\,°C$ arbeitet, berechnet sich wie folgt: Die Arbeitstemperaturen in Kelvin ausgedrückt sind $T_H = 373.15\,K$ und $T_N = 293.15\,K$. Damit folgt*

$$\eta = 1 - \frac{T_N}{T_H} = 1 - \frac{293.14}{373.15} \approx 0.214,$$

also etwa $21\,\%$.

Der Wirkungsgrad η_{ideal} ist der maximal mögliche theoretische Wirkungsgrad. Er kann nur dann erreicht werden, wenn alle Teilprozesse reversibel ablaufen. In der Praxis ist der Wirkungsgrad stets viel kleiner. Bei der im obigen Beispiel betrachteten Dampfmaschine ist eine Verbesserung durch eine Druckerhöhung im heißen Behälter möglich, weil dann die Siedetemperatur des Wassers höher liegt. Bei einem Druck von $10\,bar$ beträgt die Siedetemperatur etwa $T_{Siede} = 180\,°C$. Bei diesem Druck würde der Winkungsgrad auf $35\,\%$ steigen. Moderne Verbrennungsmotoren erreichen einen Wirkungsgrad zwischen $35\,\%$ und $50\,\%$.

1.11.3 Spezielle Wärmekraftmaschinen

Im Folgenden werden kurz die Joule'schen-, Diesel-, Otto- und Stirling-Kreisprozesse beschrieben. All diese Kreisprozesse können als vereinfachende und übersichtliche Vergleichsprozesse zu realen Kreisprozessen betrachtet werden. Sie bestehen aus mehreren speziellen Zustandsänderungen, die sich leicht rechnerisch verfolgen lassen. Hierbei ist zu beachten, daß der Begriff der Isentrope bei reversiblen Prozessen ein zum Begriff Adiabate synonymer Begriff ist. Bei irreversiblen Prozessen gilt dies jedoch nicht mehr, sodaß dann zwischen adiabatisch im Sinne von „ohne Wärmeaustausch" und isentrop im Sinne von „bei unveränderter Entropie" unterschieden werden muß.

1. Der Kreisprozess von Joule[10] oder auch Brayton[11]: Dieser Kreisprozess dient als Vergleichsprozess für die in Gasturbinen und Strahltriebwerken ablaufenden Prozesse. Hier wechseln sich isobare und isentrope Teilprozesse wie folgt ab:

- $a \rightarrow b$: Isobare Wärmezufuhr mit $\Delta Q_{ab} = n c_p^{mol}(T_b - T_a)$ und $\Delta W_{ab} = nR(T_b - T_a)$.

- $b \rightarrow c$: Isentrope Expansion mit $\Delta W_{bc} = -n c_V^{mol}(T_c - T_b)$.

- $c \rightarrow d$: Isobare Wärmeabfuhr mit $\Delta Q_{cd} = n c_p^{mol}(T_d - T_c)$ und $\Delta W_{cd} = nR(T_d - T_c)$.

- $d \rightarrow a$: Isentrope Kompression mit $\Delta W_{da} = -n c_V^{mol}(T_a - T_d)$.

- Volumenarbeit $\Delta W = n c_p^{mol}(T_a - T_b + T_c - T_d)$.

- Wirkungsgrad

$$\eta = 1 - \frac{\Delta W}{\Delta Q_{ab}} = 1 - \frac{T_c - T_d}{T_b - T_a}.$$

---

[10]James Prescott JOULE, 24.12.1818 - 11.10.1889, engl. Brauer und Physiker
[11]George Bailey BRAYTON, 3.10.1830 - 17.12.1892, US-amerik. Maschinenbauingenieur

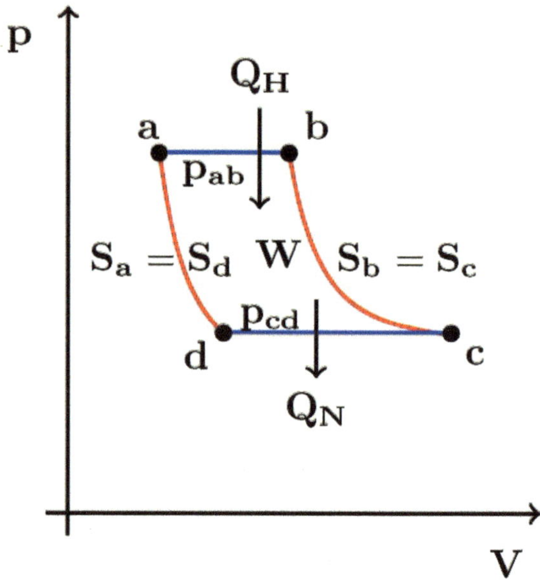

Abbildung 16: Ein pV-Diagramm des Joule'schen-Kreisprozesses.

2. Der Otto[12]-Kreisprozess: Beim Otto-Kreisprozess (vgl Abb 17) tritt das Benzin-Luftgemisch im Punkt a ein und wird adiabatisch komprimiert bis zum Punkt b. Nach der Zündung läuft der Verbrennungsvorgang so schnell ab, daß die gesamte Wärmemenge Q_w isochor bis zum Punkt c zugeführt wird. Im Arbeitstakt vom Punkt c nach Punkt d wird das Gemisch adiabatisch expandiert. Die Wärmemenge $|Q_k|$ wird während der Abkühlung vom Punkt d nach Punkt a isochor abgegeben. Während der adiabatischen Kompression wird die Arbeit W_{zu} am System verrichtet, und das System verrichtet seinerseits während der adiabatischen Expansion die Arbeit $|W_{ab}|$. Der Otto-Kreisprozess ist ein Vergleichsprozess für Verbrennungsmotoren. Hier wechseln sich jeweils isentrope (=reversibel adiabatische) und isochore Teilprozesse wie folgt ab:

- $a \to b$: Isentrope Kompression mit $W_{zu} = -nc_V^{mol}(T_b - T_a)$.

- $b \to c$: Isochore Druckerhöhung mit $Q_w = nc_V^{mol}(T_c - T_b)$.

- $c \to d$: Isentrope Expansion mit $W_{ab} = -nc_V^{mol}(T_d - T_c)$.

- $d \to a$: Isochore Druckminderung mit $Q_k = nc_V^{mol}(T_a - T_d)$.

- Volumenarbeit $\Delta W = nc_V^{mol}(T_c - T_d + T_a - T_b)$.

- Wirkungsgrad
$$\eta = 1 - \frac{|Q_k|}{Q_w} = 1 - \frac{T_d - T_a}{T_c - T_b}.$$

---

[12]Nicolaus August OTTO, 10.06.1832 - 26.01.1891, dt. Erfinder

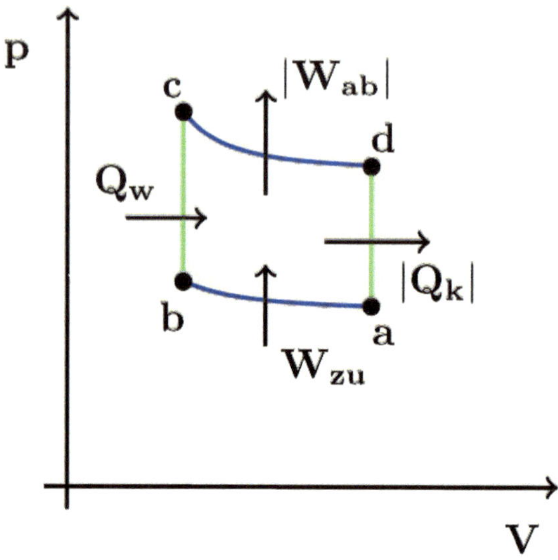

Abbildung 17: Ein pV-Diagramm des Otto-Kreisprozesses.

3. Der Diesel[13]-Kreisprozess: Beim Diesel-Kreisprozess wird der Brennstoff nach der adiabatisch-reversiblen Verdichtung eingespritzt und dabei eine Gleichdruck-verbrennung erreicht. Die Wärmezufuhr erfolgt also isobar. Nach der adiabatisch-reversiblen und daher isentropen Entspannung wird der Ausstoß der Gase als iso-chore Wärmeabgabe behandelt. Hier wechseln sich zwei adiabatische Teilprozesse im Wechsel mit einem isobaren und einem isochoren Teilprozesse wie folgt ab:

- $a \to b$: Isobare Expansion mit $\Delta Q_{ab} = nc_p^{mol}(T_b - T_a)$ und $\Delta W_{ab} = nR(T_b - T_a)$.

- $b \to c$: Adiabatische Expansion mit $\Delta W_{bc} = -nc_V^{mol}(T_c - T_b)$.

- $c \to d$: Isochore Druckminderung mit $\Delta Q_{cd} = nc_V^{mol}(T_d - T_c)$.

- $d \to a$: Adiabatische Kompression mit $\Delta W_{da} = -nc_V^{mol}(T_a - T_d)$.

- Volumenarbeit $\Delta W = nc_p^{mol}(T_b - T_a) + nc_V^{mol}(T_d - T_c)$.

---

[13]Rudolf Christian Karl DIESEL, 18.03.1858 - 29.09.1913, dt. Ingenieur

- Wirkungsgrad

$$\eta = 1 - \frac{\Delta W}{\Delta Q_{ab}} = 1 - \frac{T_c - T_d}{T_b - T_a}.$$

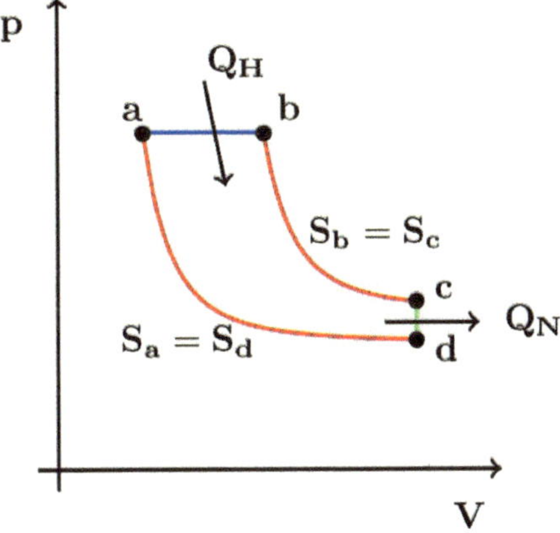

Abbildung 18: Ein pV-Diagramm des Diesel-Kreisprozesses.

4. Der Stirling[14]-Kreisprozess: Der Stirling-Kreisprozess beschreibt einen Heißgasmotor, bei dem ein Gas innerhalb eines Zylinders einen Kreisprozess durchläuft. Hier wechseln sich isotherme und isochore Teilprozesse wie folgt ab:

- $a \to b$: Isotherme Expansion mit $\Delta W_{ab} = \Delta Q_{ab} = nRT_1 \ln(V_{bc}/V_{ad})$.

- $b \to c$: Isochore Abkühlung mit $\Delta Q_{bc} = nc_V^{mol}(T_2 - T_1)$.

- $c \to d$: Isotherme Kompression mit

$$\Delta W_{cd} = \Delta Q_{cd} = nRT_2 \ln(V_{ad}/V_{bc}) = nRT_2 \ln(V_{ad}/V_{bc}).$$

- $d \to a$: Isochore Erwärmung mit $\Delta Q_{da} = nc_V^{mol}(T_1 - T_2)$.

- Volumenarbeit $\Delta W = nR(T_1 - T_2) \ln(V_{bc}/V_{ad})$.

- Wirkungsgrad

$$\eta = 1 - \frac{\Delta W}{\Delta Q_{ab}} = 1 - \frac{T_2}{T_1}.$$

---

[14]Robert STIRLING , 25.10.1790 - 6.06.1878, schott. Pastor

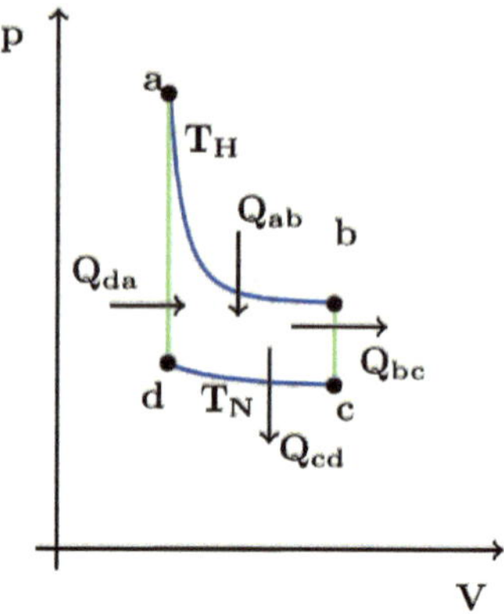

Abbildung 19: Ein pV-Diagramm des Stirling-Kreisprozesses.

Obwohl der Stirlingmotor vor dem Ottomotor entwickelt wurde, behinderten technische Probleme, wie eine verschleiß- und reibungsarme Konstruktion der aufwändigen Mechanik und das Fehlen eines geeigneten Wärmezwischenspeichers, seine Entwicklung. Da der Stirlingmotor nicht auf fossile Brennstoffe angewiesen ist, sondern mit einer beliebigen, von außen zugeführten Wärmequelle arbeitet, gewinnt er heute auch unter ökologischen Gesichtspunkten eine zunehmende Bedeutung. Als Arbeitsmittel kann zB Helium oder Wasserstoff verwendet werden.

Weitere Kreisprozesse, zB den Ericsson'schen und den Seilinger'schen, sowie deren Arbeitsweise, finden sich in der einschlägigen Literatur über technische Thermodynamik.

BEISPIEL 1.11.2.1: In diesem Beispiel wird ein Ottomotor betrachtet, dessen Ablauf als reversibel betrachtet wird. Bei diesem wird das Verhältnis V_c zu V_d als Verdichtungsverhältnis bezeichnet. Hierbei bezeichnet $V_b = V_c$ das Volumen des Verbrennungsraums bei Einlaß des Benzin-Luft-Gemisches und $V_a = V_d$ das Volumen des Verbrennungsraums bei Auslaß des verbrannten Gemisches. Es wird angenommen, daß ein zweiatomiges Gas wie zB O_2 und N_2 verwendet wird. Der Wärmeaustausch findet bei konstantem Volumen statt (vgl den obigen Punkt 3), sodaß $\Delta Q_{bc} = nc_V^{mol}(T_c - T_b)$ und $\Delta Q_{da} = nc_V^{mol}(T_a - T_d)$ gilt. Damit folgt für den Wirkungsgrad (vgl Gleichung (32))

$$\eta = 1 - \frac{|Q_{bc}|}{|Q_{da}|} = 1 - \frac{T_c - T_b}{T_a - T_d}.$$

Bei den isentropen (isentrop = adiabatisch bei reversiblen Prozessen) Prozessabschnitten verhalten sich Druck und Volumen eines Gases gemäß $pV^\gamma = constant$ (vgl **Kap 1.5**, Seite 38, Gleichung (14)). Damit gilt in den Abschnitten $c \to d$ und $a \to b$

$$p_c V_c^\gamma = p_d V_d^\gamma \quad \text{und} \quad p_a V_a^\gamma = p_b V_b^\gamma,$$

mit $\gamma = C_p/C_V$ als dem Verhältnis der spezifischen Wärmen. Wird in diesen beiden Gleichungen der Druck gemäß dem idealen Gasgesetz durch $p = nRT/V$ ersetzt, so folgt

$$T_c V_c^{\gamma-1} = T_d V_d^{\gamma-1} \quad \text{und} \quad T_a V_a^{\gamma-1} = T_b V_b^{\gamma-1}.$$

Damit ergibt sich für den Wirkungsgrad

$$\eta = 1 - \frac{T_c - T_b}{T_a - T_d} = 1 - \frac{T_a(V_a/V_c)^{\gamma-1} - T_d(V_d/V_c)^{\gamma-1}}{T_a - T_d}.$$

Die Teilprozesse $c \to d$ und $d \to a$ finden bei konstantem Volumen statt, sodaß $V_a = V_d$ und $V_b = V_c$ und damit $V_a/V_c = V_d/V_c$ gilt. Damit folgt für den Wirkungsgrad eines Ottomotors

$$\eta = 1 - \frac{(V_d/V_c)^{\gamma-1}(T_a - T_d)}{T_a - T_d} = 1 - \left(\frac{V_d}{V_c}\right)^{\gamma-1} = 1 - \left(\frac{V_c}{V_d}\right)^{1-\gamma}.$$

Für zweiatomige Gase gilt $\gamma = C_p/C_V = 1.4$ (vgl **Kap 1.4**, Seite 37, Tab 8,) und wird weiter für das Verdichtungsverhältnis $V_c/V_d = 8$ angenommen, so ergibt sich für den Wirkungsgrad

$$\eta = 1 - 8^{1-1.4} = 1 - 8^{-0.4} \approx 0.565.$$

Dieser idealisierte Wirkungsgrad wird in der Realität aufgrund von Reibung, Turbulenzen, Wärmeverlusten und unvollständigen Gasgemisch-Verbrennungen nicht erreicht.

Verbrennungsmotoren haben Verbrennungstemperaturen von bis zu $2773\,K$ und Arbeits-gas-Endtemperaturen von etwa $1273\,K$. Der erreichbare Wirkungsgrad wäre also $54\,\%$. In der Praxis erreichen unter optimalen Bedingungen Ottomotoren $38\,\%$,

Dieselmotoren 45% und langsam laufende Schiffsdieselmotoren 50% Wirkungsgrad. In PKWs erreichen Ottomotoren unter realen Fahrbedingungen mit einem hohen Anteil von Teillastbetrieb typischerweise einen Wirkungsgrad von weniger als 25%. Dieselmotoren erreichen weniger als 30%.

1.11.4 Kältemaschinen

In der Carnot-Maschine laufen die vier Teilprozesse reversibel und damit beliebig langsam und ohne Reibungsverluste ab und das Arbeitsmedium befindet sich zu jedem Zeitpunk im thermischen Gleichgewicht. Diese Maschine kann die Abfolge der Gleichgewichtsprozesse auch in umgekehrter Richtung ablaufen, wobei sie dann nicht als Wärmekraftmaschine sondern als Kältemaschine arbeitet. Technische Anwendungen von Kältemaschinen sind zB Kühlschrank, Klimaanlage oder auch Wärmepumpe. Die Arbeit ΔW muß dann zugeführt werden, um das Arbeitsmedium vom tieferen Temperaturniveau des kühlen Reservoirs auf das höhere Temperaturniveau zu bringen. Wärmekraftmaschinen durchlaufen die pV-Diagramme im Uhrzeigersinn (rechtsherum), während Kältemaschinen oder Wärmepumpem im pV-Diagramm gegen den Uhrzeigersinn (linksherum) ablaufen. Bei Kältemaschinen wird die Abkühlung des Kältemittels benutzt, um ein anderes Fluid abzukühlen. Für eine Kältemaschine ist die zugeführte Arbeit der Aufwand und die dem kalten Reservoir entzogene Wärme der Nutzen.

Bei einer Wärmepumpe wird unter Arbeitszufuhr Wärme von einem niedrigeren zu einem höheren Temperaturniveau gepumpt. Die auf dem hohen Temperaturniveau anfallende Wärme kann zum Heizen genutzt werden. Bei der Wärmepumpe ist die dem wärmeren Reservoir zugeführte Wärme der Nutzen.

Um bei Kältemaschinen oder Wärmepumpen Wärme von einem kühlen zu einem wärmeren System zu überführen, muß Arbeit verrichtet werden. Es kann also keine perfekte Kältemaschine geben. Der Zweck einer Wärmepumpe ist es zu heizen. Es wird also die Wärme $|Q_H|$ zur Verfügung gestellt und $|Q_N|$ abgeführt. Für die Bewertung der Qualität von Wärmemaschinen wird folgender Begriff eingeführt:

> Die Leistungszahl LZ einer Kältemaschine ist definiert als der Quotient aus der Wärme $|Q_N|$, die aus dem Bereich niedriger Temperatur (innerhalb der Kältemschine) abgeführt wird, und der Arbeit $|W|$, die dazu aufgewendet werden muß:
>
> $$LZ = \frac{|Q_N|}{|W|}. \qquad \text{für Kältemaschine und Klimaanlage} \quad (33)$$
>
> Bei einer Wärmepumpe ist die Leistungszahl definiert als der Quotient aus der zugeführten Wärme $|Q_H|$ und der Arbeit $|W|$:
>
> $$LZ = \frac{|Q_H|}{|W|}. \qquad \text{für Wärmepumpe} \quad (34)$$

Nach dem ersten Hauptsatz der Thermodynamik gilt $|W| = |Q_H| - |Q_N|$, sodaß obige Gleichung auch geschrieben werden kann als

$$LZ = \frac{|Q_N|}{|W|} = \frac{|Q_N|}{|Q_H| - |Q_N|}.$$

BEISPIEL 1.11.3.1: Eine Wärmepumpe mit einer Leistungszahl $LZ = 3$ verbrauche $1500\,W$. Mit Gleichung (34) ergibt sich, daß sie eine Leistung von

$$|Q_H| = LZ \cdot |W| = 3 \cdot 1500\,J = 4500\,J$$

pro Sekunde, oder $4500\,W$, in den Raum leiten kann. Eine Elektroheizung mit einer Anschlußleistung von $1500\,W$ würde $1500\ W$ Wärme erzeugen. Die Wärmepumpe in diesem Beispiel hätte ebenfall eine Anschlußleistung von $1500\,W$, würde aber $4500\,W$ liefern. Der Betrieb einer Wärmepumpe ist also im Vergleich mit einer Elektroheizung wesentlich kostengünstiger.

2 Strömungsmechanik

2.1 Einleitung

Die Strömungsmechanik behandelt die physikalischen Gesetze von Fluiden (Flüssigkeiten und Gasen). Diese Gesetzmäßigkeiten bilden das Fundament für sehr viele Bereiche des täglichen Lebens. Man denke zB an den Blutkreislauf im menschlichen Körper, an Ent- oder Bewässerungssysteme in der Landwirtschaft, an den Kühlkreislauf in Kraftwerken, an die Konstruktion von Flugzeugen oder Kraftfahrzeugen. Bei den zuletztgenannten Beispielen ist zB die Optimierung der Tragflächen bzw der Formen von Kraftfahrzeugen (Strömungswiderstand) zwecks Kraftstoffeinsparung sehr wichtig. Ein weiteres sehr wichtiges Anwendungsgebiet der Strömungsmechanik ist die Wettervorhersage.

2.2 Fluide

Im Gegensatz zu Festkörpern passen sich Flüssigkeiten und Gase in ihrer Ausbreitung den Behältnissen an, in die sie eingeschlossen sind. ZB behalten Kartoffeln ihre Form bei, wenn sie in einen Topf gegeben werden, wohingegen sich Wasser der Form des Topfes anpaßt, in den es hineingegossen wird. Grund hierfür ist, daß Flüssigkleiten tangential an ihrer Oberfläche angreifenden Kräften keine Kraft entgegensetzen können.

Es kann somit festgelegt werden, daß unter einem Fluid eine Substanz verstanden wird, die fließen / strömen kann. Die Zustandformen von Gasen und Flüssigkeiten können mit den gleichen Gesetzen beschrieben werden, sofern bei Gasen die Geschwindigkeiten klein ($v < 0.2 \cdot c$) gegen die Schallgeschwindigkeit sind. Bei Fluiden elgnen sich zu ihrer Beschrelbung dle Größen Dichte und Druck.

Aus dem täglichen Leben kennen wir zB folgende Fluide :

- Biologie:

– Luft, die wir atmen,

– Wasser, das wir trinken,

– Blut, das im Körper strömt.

- Technik: Fluide in Reifen, Tank, Kühler, Vergaser, Motor, Batterie, Klimaanlage, Scheibenwischeranlage, Ölsystem, hydraulisches System.

- Fluide zur Energieerzeugung: Windenergie, Wasserkraft, Dampfturbinen in wärmegetriebenen Kraftwerken, etc.

- Erde: Luft bewegt sich (Wetter), Flüsse und Meere strömen.

Fluide sind für uns in erster Linie makroskopische Objekte, die mit dem bloßen Auge keine innere Struktur erkennen lassen. Mikroskopisch betrachtet ist jedoch erkennbar, daß Fluide auch aus Atomen und Molekülen bestehen. Ein Liter Wasser besteht zB aus 10^{24} Wassermolekülen. Es wäre somit recht unpraktische Wasser als eine Molekülwolke zu betrachten und zu behandeln. Wichtig ist aber, daß Fluide keine regelmäßige innere Struktur aufweisen, wie sie zB bei Eis mit seiner inneren kristallinen Gitterstruktur zu finden ist. Bezüglich der drei möglichen Aggregatzustände im Molekülmodell ist bei Gasen der Abstand der Moleküle zueinander groß, bei Flüssigkeiten ist er etwas größer als der Durchmesser der Moleküle und bei Festkörpern ist er etwa so groß wie der Durchmesser der Moleküle.

2.3 Dichte und Druck

Bei der physikalischen Beschreibung von Festkörpern, zB mit dem Newton'schen Gesetz, werden die Begriffe Kraft und Masse verwendet. Bei Fluiden liegt das Interesse eher an Beschreibungsmöglichkeiten von inneren Eigenschaften. Hierzu dienen die Begriffe Dichte und Druck. Die Dichte wird definiert durch den Grenzwert

$$\rho = \lim_{\Delta V \to 0} \frac{\Delta m}{\Delta V},$$

wobei ΔV ein kleines Volumenelement mit der Masse Δm ist. Die Dichte kann also an unterschiedlichen Stellen im betrachteten Fluid unterschiedlich sein. In der Praxis wird jedoch oft angenommen, daß die betrachteten Fluide homogen sind. Dann kann die Dichte beschrieben werden durch

$$\rho = \frac{m}{V},$$
Dichte bei homogener Substanz (35)

wobei m und V die Masse und das Volumen der Fluidprobe bezeichnen. Die Dichte ist eine skalare Größe. Ihre SI-Einheit ist $[\rho] = kg/m^3$. Die Dichten von Gasen sind druckabhängig, denn Gase lassen sich leicht zusammendrücken, sie sind kompressibel. Flüssigkeiten dahingegen sind sogut wie nicht druckabhängig, sie sind fast inkompressibel. Dichten von einigen Gasen bzw Flüssigkeiten sind in Tab 18 im Anhang zusammengetragen.

Der Druck wird definiert durch den Grenzwert

$$p = \lim_{\Delta A \to 0} \frac{\Delta F}{\Delta A},$$

wobei ΔA die Änderung des Betrages eines kleinen Flächenelementes und ΔF die Änderung der Normalkomponente der Kraft ist, die auf die Fläche A wirkt. Ist die Kraft homogen über die ganze Fläche A verteilt, so kann der Druck beschrieben werden durch

$$p = \frac{|F|}{A},$$
Druck bei homogen über die Fläche verteilter Kraft (36)

wobei $|F|$ der Betrag der senkrecht auf die Fläche A wirkenden (vektoriellen) Kraft F ist. Die Ausbreitung des Drucks ist in alle Richtungen gleich. Die SI-Einheit des Drucks ist $[p] = N/m^2 = Pa$. Mitunter werden Drücke auch in der nicht-SI-Einheit bar angegeben, es gilt $1\,bar = 10^5\,Pa$. Vergleiche hierzu auch den Anhang.

Der Luftdruck an der Erdoberfläche beträgt durchschnittlich $10^5\,Pa$. Dies entspricht einer Gewichtskraft von $10^4\,kg/m^2$, bzw $10\,t/m^2$. Da im menschlichen Körper derselbe Druck herrscht und dem äußeren Druck entgegenwirkt, spüren wir hiervon nichts. Der höchste im Labor erreichbare Druck liegt derzeit bei $1.5 \cdot 10^{10}\,Pa$ und der

Druck beim besten Laborvakuum liegt bei $10^{-12}\,Pa$. Der normale Blutdruck[15] liegt bei $1.6 \cdot 10^4\,Pa \equiv 120\,mmHg$.

Abbildung 20: Magdeburger Halbkugel-Versuch bei VACOM Vakuum Komponenten & Messtechnik GmbH, Jena.

Otto von Guericke[16] zeigte bei seinem berühmten Versuch 1694 in Magdeburg, wie zwei Halbkugelschalen, die zu einer Kugel zusammengehalten und dann vakuumiert wurden, durch den äußeren Luftdruck zusammengehalten werden. Der Druck war so groß, daß die Halbkugeln sich selbst mit zwei Gespannen mit je acht Pferden nicht auseinanderziehen ließen (siehe auch $https://www.jenatv.de$).

2.4 Ruhende Fluide

Beim Tauchen wird mit zunehmender Tiefe der steigende Druck in den Ohren spührbar. Der Wasserdruck nimmt alle $10\,m$ um etwa $10^5\,Pa$ zu (vgl nachfolgendes Beispiel 2.4.1). Beim Bergsteigen nimmt der Luftdruck mit zunehmender Höhe ab, was dazu führt, daß der Sauerstoffgehalt in der Luft abnimmt und der Körper schneller atmen muß um sich mit der benötigten Menge an Sauerstoff zu versorgen. In beiden Fällen wird vom hydrostatischen Druck gesprochen, weil beide von ruhenden Fluiden herrühren.

---

[15]Der Blutdruck wird in der Medizin immer noch in $mmHg$ angegeben. Zur Umrechnung vgl den Anhang

[16]Otto von GUERICKE, 30.11.1602 - 21.05.1686, deutscher Politiker, Jurist, Physiker und Erfinder

Um eine Formel zur Berechnung des Drucks herzuleiten, wird ein Behälter betrachtet, der mit einem Fluid (zB Wasser) gefüllt ist. Es wird ein Koordinatensystem so festgelegt, daß der Koordinatenursprung auf der Fluidoberfläche liegt und die positive y-Achse senkrecht nach oben zeigt. Im Fluid wird nun ein zylinderförmiges Volumen mit horizontaler Grundfläche A betrachtet. Die obere Zylinderoberfläche liege auf dem Niveau 1 mit dem Abstand $y_1 \leq 0$ und die untere Zylinderoberfläche liege auf dem Niveau 2 mit dem Abstand $y_2 < y_1 \leq 0$ zur Fluidoberfläche. Das Fluid befinde sich im statischen Gleichgewicht, dh, es ist stationär und alle auf das Fluid wirkende Kräfte halten sich die Waage. Dann wirken drei Kräfte in vertikaler Richtung (vgl Abb 21), nämlich

- die durch das Fluid oberhalb des Zylinders auf die obere Zylinderfläche wirkende Kraft F_1,

- die durch das Fluid unterhalb des Zylinders auf die untere Zylinderfläche wirkende Kraft F_2

- sowie die Gravitationskraft $F_3 = mg$ auf des Fluid im Zylinder. Hierbei bezeichne m die Wassermasse im Zylinder und g die Gravitationskonstante.

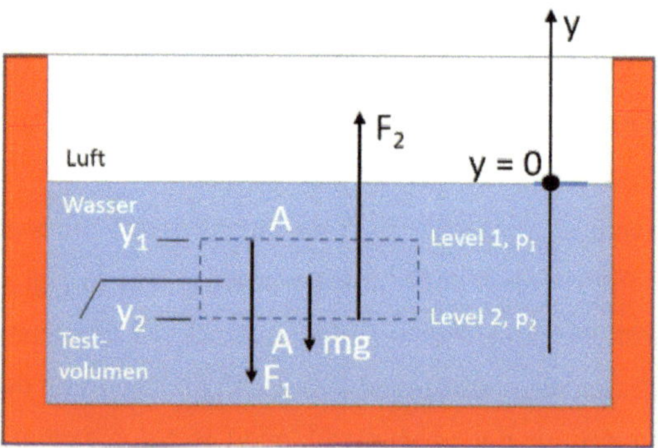

Abbildung 21: Zylinderförmiges Wasservolumen mit horizontaler Grundfläche.

Da sich im ruhenden Fluid diese Kräfte kompensieren müssen, gilt

$$F_2 = F_1 + mg.$$

Die Masse im Fluid berechnet sich gemäß $m = \rho V$, mit dem Volumen $V = A(y_1 - y_2)$. Mit Gleichung (36) folgt dann

$$F_2 = F_1 + mg \iff p_2 A = p_1 A + \rho A g(y_1 - y_2) \text{ bzw } p_2 = p_1 + \rho g(y_1 - y_2). \quad (37)$$

Wird nun in der letzten Gleichung $y_1 = 0$ und $y_2 = h$ gesetzt, sowie mit p_0 der Atmosphärendruck bezeichnet, so ergibt sich folgender Merksatz:

> *Der Druck in einem Punkt in einer sich im statischen Gleichgewicht befindenden Flüssigkeit hängt nur von der Tiefe h dieses Punktes, nicht jedoch von irgendwelchen horizontalen Abmessungen oder der Form des Behälters ab. Der Druck im Punkt x berechnet sich gemäß*
>
> $$p(x) = p_2(x) = p_0 + \rho g h. \qquad \boxed{\textit{Druck in einer Tiefe } h} \quad (38)$$

Der Druck in Gleichung (38) wird auch als absoluter Druck oder Gesamtdruck bezeichnet. Der absolute Druck setzt sich zusammen aus dem atmosphärischen Druck p_0 sowie dem Überdruck $\rho g h$.

Beispiel 2.4.1: *Es soll der Druck in $10\,m$ Wassertiefe berechnet werden. Wir verwenden für die Dichte $\rho = 998\,kg/m^3$ (vgl 18), für die Erdbeschleunigung wird $g = 9.81\,m/s^2$ und für den Atmosphärendruck $p_0 = 1.013\,bar$. Dann folgt für den Druck in einer Tiefe von $h = 10\,m$ mit Gleichung (38)*

$$p(x) = p_0 + \rho g h = 1.013\,bar + 998\,\frac{kg}{m^3}\,9.81\,\frac{m}{s^2}\,10\,m \approx 2\,bar.$$

Es ergibt sich also eine Verdoppelung des Atmosphärendrucks. Hierbei wurde die Umrechnung $1\,bar = 10^5\,Pa = 10^5\,kg/(s^2 \cdot m)$ verwendet (vgl 16).

Selbsttest: *Ordne, in absteigender Reihenfolge, die Drücke in der Tiefe h in den fünf mit Olivenöl gefüllten Behältnissen an.*

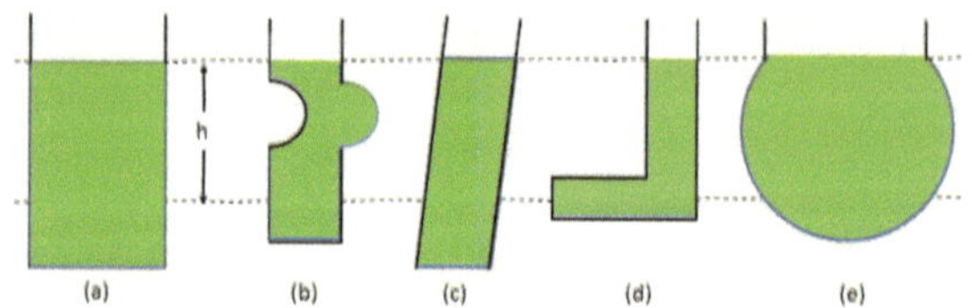

Abbildung 22: Fünf gleichhoch gefüllte Behälter.

Unter der Annahme, daß die Dichte über einen Bereich von $0\,m$ bis zu einer Höhe h konstant ist, kann der Druck in einem Punkt x in dieser Höhe berechnet werden durch

$$p(x) = p_0 - \rho_{Luft}gh.$$
$$\boxed{\text{Druck in Höhe } h \text{ bei konstanter Dichte}} \qquad (39)$$

Bei größeren Höhen ist diese Formel zu ungenau und ist (bei konstanter Lufttemperatur von $0^\circ C$) durch die sog. barometrische Höhenformel

$$p(h) = p_0 e^{-\frac{h}{7991\,m}}, \ h \geq 0\,m, \qquad (40)$$

zu ersetzen. Hierbei bezeichnet $p_0 = 1.013\,bar$ $(10^5\,Pa = 1\,bar)$ den Luftdruck an der Erdoberfläche. Der Verlauf des Luftdrucks als Funktion der Höhe ist in Abb 23 geplottet.

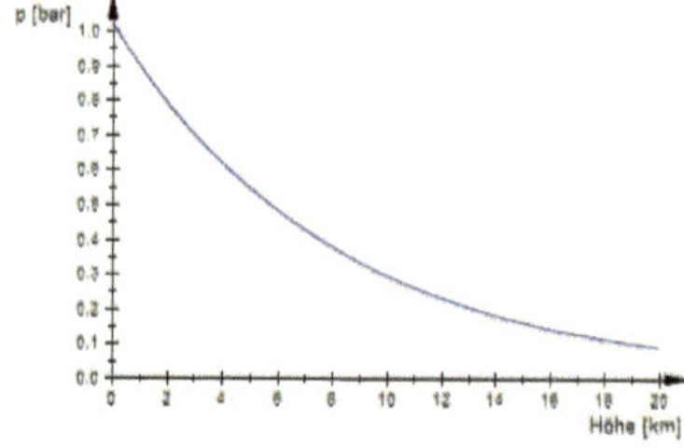

Abbildung 23: Der Luftdruckverlauf gem. barometrischer Höhenformel.

Beispiel 2.4.2: *Mit der barometrischen Höhenformel ergeben sich zB*

- *für Jena (143 m über NHN) der Druck $p = 995\,hPa$, (NHN = Normalhöhennull, Pegel in Amsterdam)*

- *auf der Zugspitze (2962 m über NHN) der Druck $p = 699\,hPa$,*

- *auf dem höchsten Berg der Erde, dem Mount Everest mit $8848\,m$, ergibt sich der Druck $p \approx 335\,hPa$ und*

- *auf Flughöhe von $11\,km$ der Druck $p = 256\,hPa$.*

Durch Umstellen der barometrischen Höhenformel ergibt sich die Höhe als Funktion des Drucks zu

$$p(h) = p_0 e^{-\frac{h}{7991\,m}} \iff h(p) = -7991\,m\,\ln\left(\frac{p}{p_0}\right).$$

Die Höhe h_1, in der der Luftdruck auf die Hälfte des Maximalwertes p_0 gesunken ist, berechnet sich damit wie folgt:

$$
\begin{aligned}
h_1 &= h(p_0/2) = -7991\,m\,\ln\left(\frac{p_0/2}{p_0}\right) \\
&= -7991\,m\,\ln\left(\frac{1}{2}\right) \approx 5538.94\,m.
\end{aligned}
$$

Die Höhenkrankheit wird verursacht durch den mit zunehmender Höhe abnehmenden Luftdruck und der damit verbundenen geringeren Sauerstoffaufnahme durch den Körper.

2.5 Das Pascal'sche Prinzip

Es werde ein inkompressibles Fluid in einem Behälter betrachtet, der von oben durch einen Kolben abgeschlossen sei (vgl Abb 24).

Der Kolben sei durch einen mit Sand gefüllten Behälter beschwert. Behälter und Sand üben einen externen Druck p_{ext} auf den Kolben und somit auf das Fluid aus. Der Druck p an irgendeinem Punkt P in der Flüssigkeit ist dann

$$p(P) = p_{ext} + \rho g h(P).$$

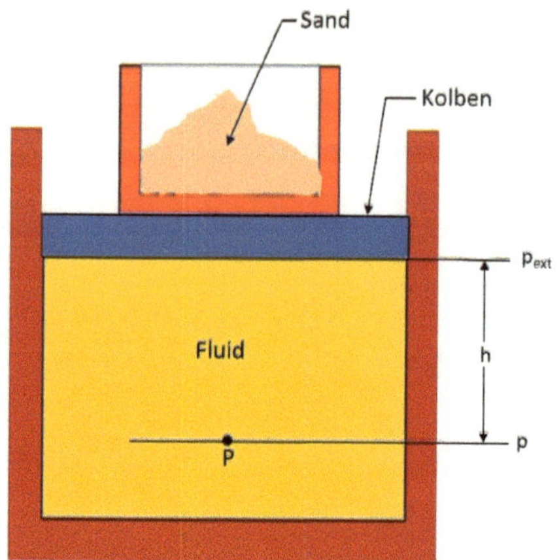

Abbildung 24: Druckänderung auf ein eingeschlossenes Fluid.

Wird nun die Menge des Sands erhöht, so erhöht sich der Druck p_{ext} um den Betrag Δp_{ext}. Da die Größen ρ, g und h sich nicht ändern, ist die Druckänderung im Fluid am Punkt P gegeben durch

$$\Delta p = \Delta p_{ext}.$$

Diese Druckänderung ist unabhängig von h und ist somit an allen Punkten im Fluid gleich. Diese Ergebnis kann zusammengefaßt werden zum sogenannten

PASCAL'SCHEN PRINZIP:

> *Eine Druckänderung in einem abgeschlossenen, inkompressiblen Fluid wird unvermindert auf jeden Teil des Fluids sowie auf die Behälterwände übertragen.*

Beispiel 2.5.1: *Bei einer hydraulischen Presse (vgl Abb 25) wird das Pascal'sche Prinzip zur Verstärkung der am linken Pumpkolben wirkenden Kraft F_e angewendet. Bewegt die Kraft F_e den Pumpkolben um die Strecke d_e nach unten, so wird der rechte Presskolben um die Strecke d_a nach oben bewegt, wobei von der inkompressiblen Flüssigkeit dasselbe Volumen V vom einen zum anderen Kolben bewegt wird.*

Damit das System im Gleichgewicht ist, muß auf dem rechten Presskolben eine Last mit der Kraft $-F_a$ nach unten wirken. Für die dadurch bewirkte Druckänderung gilt

$$\Delta p = \frac{F_e}{A_e} = \frac{F_a}{A_a}.$$

Hieraus folgt

$$F_a = F_e \frac{A_a}{A_e}.$$

Für das bewegte Volumen bzw für den Weg d_a gilt

$$V = A_e d_e = A_a d_a \quad bzw \quad d_a = d_e \frac{A_e}{A_d}.$$

Die dabei geleistete Arbeit berechnet sich zu

$$W = F_a d_a = F_e \frac{A_a}{A_e} d_e \frac{A_e}{A_a} = F_e d_e.$$

Eine bekannte Anwendung ist zB der hydraulische Wagenheber zum Räderwechseln an einem Kfz.

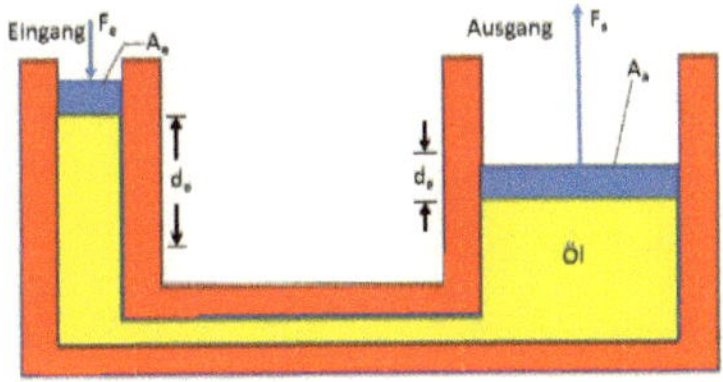

Abbildung 25: Prinzip einer hydraulischen Presse.

Das Pascal'sche Prinzip kann auch zur Erklärung des hydrostatischen Paradoxons genutzt werden. Dieses tritt bei kommunizierenden Röhren auf. Bei kommunizierenden Röhren ist der Wasserspiegel in allen Teilen der Anordnung, unabhängig von der unterschiedlichen Form der Röhren, gleich hoch (vgl Abb 26). Die in den einzelnen Teilen der Anordnung enthaltenen Wassermengen sind unterschiedlich, somit üben sie auch unterschiedliche Gewichtskräfte aus. Die Gewichtskraft über den Gefäßwänden in den Röhren 2, 4 und 5 (von links), wird durch die Gefäßwände ausgeglichen. Der Druck ist in allen Teilen des Gefäßes in derselben Tiefe gleich.

Abbildung 26: Kommunizierende Röhren.

Abbildung 27: Wasserturm.

Ein Wasserturm ist ein Reservoir, das höher platziert ist als die Wasserverbraucher. Der Höhenunterschied bewirkt den aus der Schwerkraft resultierenden hydrostatischen Wasserdruck bei den Abnahmestellen.

Die Schlauchwaage ist ein ideales Instrument zum hydrostatischen Abmessen von Höhenunterschieden an weit entfernten Orten. Das Funktionsprinzip beruht auf den kommunizierenden Röhren: Hierbei ist der Flüssigkeitsspiegel in zwei Standgefäßen bzw gegenüber einer fixen Referenz, welche untereinander mit einem Schlauch verbunden sind, gleich hoch. Gleiche Höhenniveaus können so über große Entfernun-

gen übertragen werden. So können zB Höhenübertragungen ohne direkte Sicht-
verbindung durchgeführt werden. Hierduch konnten früher Levadas auf Madeira in
unwegsamen Gegenden gebaut werden. Heutzutage werden die Höhenmessungen
mit Hilfe Lasern durchgeführt.

Abbildung 28: Levadas auf Madeira.

2.6 Das archimedische Prinzip

Wir betrachten eine gewichtslose, mit Wasser gefüllte, geschlossene Tüte in einem
Wasserbecken (vgl Abb 29, (a)). Diese befindet sich im statischen Gleichgewicht,
weder sinkt sie noch steigt sie auf. Das in der Tüte befindliche Wasser übt eine nach
unten gerichtete Gravitationskraft $F_G = m_W g$ aus (m_W gleich Masse des Wassers in
der Tüte), die durch eine nach oben gerichtete Kraft $F_A = -F_G$ des Umgebungswas-
sers kompensiert wird. Diese nach oben gerichtete Kraft F_A wird Auftrieb genannte.
Sie beruht auf dem mit der Tiefe zunehmenden Druck. Die auf die Tüte wirkenden
Kräfte sind durch Vektorpfeile angedeutet. Die Länge der Vektoren deutet an, daß
die Kräfte unten größer sind als oben.

Nun wird die Tüte durch einen Stein gleicher Form ersetzt. Der Stein befindet sich
nicht im statischen Gleichgewicht weil die Gravitationskraft des Steins $F_G = m_S g$
(m_S gleich Masse des Steins) größer als die Auftriebskraft ist (vgl das Kräftediagramm in Abb 29, (c)). Der Stein sinkt folglich auf den Boden des Beckens.

Wird nun der Stein durch leichtes Holz gleicher Form mit der Masse m_H ersetzt, so
befindest sich das Holz ebenfalls nicht im statischen Gleichgewicht. Die vom Holz

ausgeübte Gravitationskraft $F_G = m_H g$ ist betragsmäßig kleiner als die Auftriebskraft und somit steigt das Holz nach oben (vgl das Kräftediagramm in Abb 29, (b)).

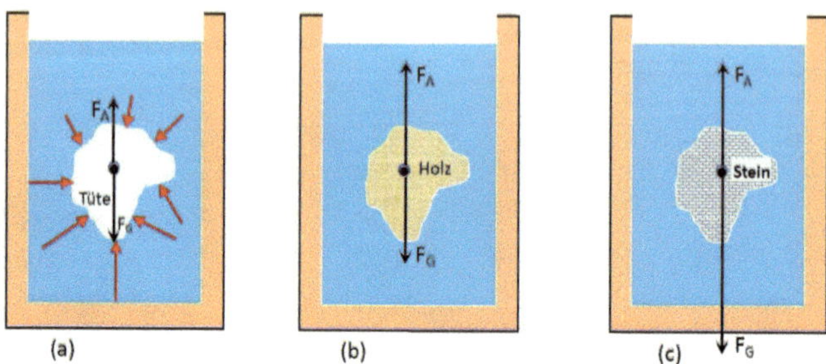

Abbildung 29: Drei Bilder zum Archimedes-Prinzip.

Die oben gemachten Beobachtungen gelten in allen Fluiden. Sie gehen zurück auf Archimedes[17] und lassen sich zusammenfassen zum

ARCHIMEDISCHEN PRINZIP:

Auf einen ganz oder teilweise in ein Fluid eingetauchten Körper wirkt eine durch das ihn umgbende Fluid hervorgerufene Auftriebskraft

$$F_A = -m_F g = -V \rho_F g. \tag{41}$$

Diese ist nach oben gerichtet und sie ist betragsmäßig gleich dem Gewicht $m_F g$ des vom Körper verdrängten Fluids. V bezeichnet das Volumen des Körpers und ρ_F die Dichte des Fluids.

Der Auftrieb hängt somit nur vom Volumen (der Wasserverdrängung) des eingetauchten Körpers ab, nicht von seinem Gewicht! Je nach Gewicht des Körpers können folgende drei Fälle auftreten:

- $F_G > F_A$: Der Körper sinkt mit vermindertem Gewicht runter.

- $F_G = F_A$: Der Körper schwimmt bei teilweisem Eintauchen oder er schwebt bei vollem Eintauchen im Fluid.

---

[17]Archimedes von SYRAKUS, ~ 287 v. Chr. - ~ 212 v. Chr., gr. Mathematiker, Physiker und Ingenieur

- $F_G < F_A$: Der Körper steigt nach oben.

Es gilt das

SCHWIMMGLEICHGEWICHT:

> *Schwimmt ein Körper in reinem Wasser, so ist das Gewicht des verdrängten Wassers gleich dem Eigengewicht des Körpers.*

Ist der schwimmende Körper nicht vollständig eingetaucht, so kann er durch zusätzliche Belastung vollständig unter die Fluidoberfläche gedrückt werden. Diese zusätzlich wirkende Kraft wird die maximal mögliche Tragkraft genannt.

Beispiel 2.6.1: *Zur Bestimmung des Volumens und der Dichte eines Körpers wird zunächst mit einer hydrostatischen Waage die wahre Masse m des Körpers bestimmt. Dann wird der Körper an einem Faden in ein Fluid eingetaucht und wegen des Auftriebs eine im Gegensatz zu m verminderte scheinbare Masse m' gemessen. Über die Gleichung der Gewichtskräfte*

$$m'g = mg - Vg\rho_F$$

ergibt sich das Volumen des Körpers zu

$$V = \frac{m - m'}{\rho_F}$$

und für die Dichte des Körpers folgt

$$\rho_K = \frac{m}{m - m'}\rho_F.$$

2.7 Stationäre Strömungen idealer Fluide

2.7.1 Modell der idealen Fluide

Ein ideales Fluid ist, wie ein ideales Gas, eine Idealisierung, die bei bewegten Fluiden zu einer mathematisch einfachen Beschreibung von Fluiden führt, die aber trotzdem brauchbare und interessante Ergebnisse liefert. Ein ideales Fluid soll per Definition folgende Bedingungen erfüllen:

1. Das Fluid soll gleichmäßig strömen, das heißt die Strömung soll laminar sein. Bei einer laminaren Strömung ändert sich die Geschwindigkeit in einem gegebenen Punkt nicht, weder hinsichtlich ihrer Richtung noch ihres Betrages.

2. Das Fluid soll inkompressibel sein, dh seine Dichte ist überall gleich.

3. Das Fluid soll nichtviskos sein, es soll also dem Fließen keinen Widerstand entgegensetzen.

4. Das Fluid fließt wirbelfrei bzw rotationsfrei.

Einige einfache Beispiele für obige Begriffe sind:

- In der Mitte eines langsam fließenden Flußes ist die Strömung annähernd laminar. In Stromschnellen fließt Wasser nicht laminar, sondern turbulent.

- Wird ein Wasserhahn wenig geöffnet, so fließt das Wasser laminar heraus, wird der Hahn weiter geöffnet, so fließt irgendwann das Wasser nicht länger laminar sondern turbulent heraus.

- In einer nichtviskosen Flüssigkeit kann sich ein Gegenstand ohne Widerstand bewegen, einmal angestoßen, würde der Gegenstand für immer weiterschwimmen. Schiffspropeller würden nicht funktionieren.

Die Strömung von Fluiden kann zB mittels sogenannter Tracer sichtbar gemacht werden. Hierzu wird in Flüssigkeiten an verschiedenen Stellen Farbstoff und bei Gasen an verschiedenen Stellen Rauchteilchen eingeleitet. Jeder Teil des Tracers folgt einer sogenannten Stromlinie. Dies ist ein Weg, den ein Fluidteilchen in der Strömung nehmen würde. Die Geschwindigkeit eines Fluidteilchens ist immer tangential zur Stromlinie. Beim Abbrennen einer Zigarette strömen die Rauchpartikel zunächst laminar, bevor sie in eine turbulente Strömung übergehen. Um den Luftwiderstand von Autos zu minimieren, wird das Strömungsverhalten im Windkanal mittels Rauch visualisiert, vgl Abb 30.

Abbildung 30: Veranschaulichung von Stromlinien im Windkanal.

2.7.2 Kontinuitätsgleichung

Ihnen ist sicherlich bekannt, daß man beim Begießen eines Gartenbeetes mit einem Wasserschlauch das Endes des Schlauches leicht zudrücken kann, um weiter entfernte Bereiche des Beetes mit dem Wasser zu erreichen. Fließt anfangs das Wasser mit einer geringen Geschwindigkeit aus dem Schlauch, so erhöht sich die Geschwindigkeit beim teilweise Zudrücken des Schlauches und dadurch spritzt das Wasser weiter. Physikalisch beruht dies darauf, daß die Strömungsgeschwindigkeit von der Querschnittsfläche, durch die das Wasser fließt, abhängt.

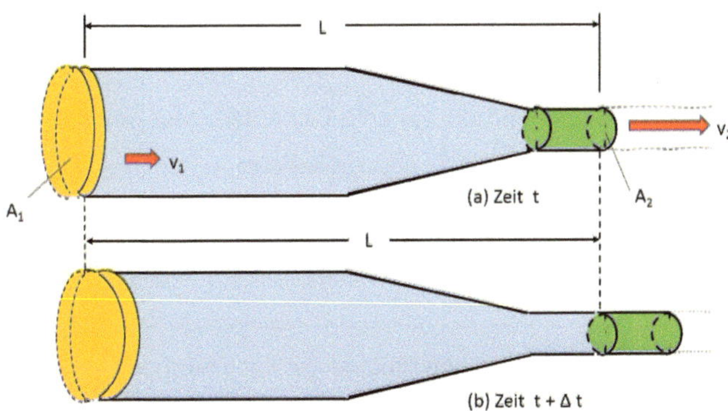

Abbildung 31: Sich verjüngendes Durchflußrohr.

Dieser Sachverhalt soll im Folgenden begründet werden. Dazu wird ein sich verjüngendes Rohr der Länge L betrachtet, indem von links nach rechts eine Flüssigkeit fließt. Das Rohr möge am linken Ende eine Querschnittsfläche A_1 und am rechten Ende eine Querschnittsfläche A_2 haben. Die Fließgeschwindigkeit sei am linken Ende v_1 und am rechten Ende v_2. In einem Zeitintervall der Länge Δt möge die gelb gekennzeichnete Fluidmenge V_1 auf der linken Seite in das Rohr hineinfließen (vgl Abb 31). Da das Fluid inkompressibel ist, muß eine gleichgroße Fuidmenge (hier in grün gezeichnet) in dieser Zeitspanne auf der rechten Seite aus dem Rohr fließen.

Für die Fluidmenge ΔV_1 ergibt sich

$$\Delta V_1 = A_1\,\Delta x_1 = A_1 v_1 \Delta t = A_2 v_2 \Delta t.$$

Dies ist äquivalent zur

KONTINUITÄTSGLEICHUNG:

$$\boxed{A_1 v_1 = A_2 v_2, \qquad\qquad\qquad \textit{für inkompressible Fluide.}}$$

Aus dieser Gleichung ist ersichtlich, daß die Geschwindigkeit der strömenden Flüssigkeit umgekehrt proportional zum Querschnitt der durchströmten Fläche ist. Nun können noch die Volumenflußrate $R_V = Av = const$ und die Massenflußrate $R_M = Vv\rho = const$ definiert werden.

Für kompressible Fluide muß die variable Dichte beachtet werden, sodaß für kompressible Fluide die Kontinuitätsgleichung die Form

$$\boxed{A_1 v_1 \rho_1 = A_2 v_2 \rho_2, \textit{ für kompressible Fluide,}} \qquad (42)$$

hat. Beide Kontinuitätsgleichungen drücken die Erhaltung der Masse aus.

2.7.3 Bernoulli-Gleichung

Wie sich die Geschwindigkeit bei einer Verengung des durchströmten Rohres ändert, wird durch die Kontinuitätsgleichung beschrieben. Wie sich der Druck dabei ändert, wird im Folgenden beschrieben.

Hierzu wird wieder das sich verjüngende Rohr aus Abb 31 betrachtet. Während eines Zeitintervalls Δt wird im linken Teil des Rohres ein Flüssigkeitsvolumen ΔV verschoben und im rechten Teil des Rohres wird dasselbe Volumen weitergeschoben. Es wird angenommen, daß im linken Teil dazu eine Kraft F_1 wirkt und ein Druck p_1 herrscht, daß ferner im rechten Teil dazu eine Kraft F_2 wirkt und ein Druck p_2 herrscht. Dabei muß eine Arbeit in das System hineingesteckt werden und vom System verrichtet werden, sodaß gilt

$$\Delta W = F_1 \Delta x_1 - F_2 \Delta x_2 = p_1 A_1 \Delta x_1 - p_2 A_2 \Delta x_2 = p_1 \Delta V - p_2 \Delta V.$$

Diese Arbeit wird in eine kinetische Energie ΔT umgewandelt und es gilt $\Delta W = \Delta T$. Für die Energie gilt

$$\Delta T = \frac{1}{2} \Delta m\, v_2^2 - \frac{1}{2} \Delta m\, v_1^2$$

und damit folgt

$$\Delta W = \Delta T \iff p_1 \Delta V - p_2 \Delta V = \frac{1}{2} \Delta m\, v_2^2 - \frac{1}{2} \Delta m\, v_1^2$$
$$\iff p_1 + \frac{1}{2} \frac{\Delta m}{\Delta V} v_1^2 = p_2 + \frac{1}{2} \frac{\Delta m}{\Delta V} v_2^2.$$

Mit der Dichte $\rho = \Delta m / \Delta V$ ergibt sich hieraus die Energieerhaltung für ideale Fluide, bzw die

BERNOULLI[18]-GLEICHUNG:

$$p_1 + \frac{1}{2} \rho\, v_1^2 = p_2 + \frac{1}{2} \rho\, v_2^2, \quad \textit{bzw} \quad p + \frac{1}{2} \rho\, v^2 = const$$

Die Summe aus statischem und dynamischen Druck hat innerhalb einer Stromröhre stets den gleichen Wert.

Die Bernoulli-Gleichung ist von fundamentaler Bedeutung, denn sie besagt, daß je höher die Strömungsgeschwindigkeit, desto kleiner der Druck ist und umgekehrt. Dies wird auch als Bernoulli-Effekt bezeichnet.

Es sei daran erinnert, daß bei einem idealen Fluid die Strömung stationär, inkompressibel und reibungsfrei ist. Bei kompressiblen Fluiden, wie zB Luft, liefert die

---

[18]Daniel BERNOULLI, 8.02.1700 - 17.03.1782, schweizer Mathematiker und Physiker

Bernoulli-Gleichung nur dann akzeptable Werte, wenn die Strömungsgeschwindigkeit des Fluids wesentlich kleiner als die Schallgeschwindigkeit ist ($v < 0.2\,c$).

Die Bernoulli-Gleichung, bzw das was sie physikalisch beschreibt, hat viele technische Anwendungen.

- Saugwirkung von Zerstäubern.

- Luftversorgung von Gasbrennern.

- Pitot[19]- und Prandtl[20]-Sonde, zB zur Messung der Geschwindigkeit von Flugzeugen.

- Strömung um Flugzeug-Tragflächen, richtige Theorie ist komplizierter.

- Ball im Luftstrom.

- Sogwirkung bei Schiffen, Autos oder Schnellzügen auf Parallelkurs (Abstand
  halten).

- Eingänge von Kaninchenbauten haben unterschiedliche Höhe, sodaß der Wind
  mit unterschiedlichen Geschwindigkeiten darüberweht, dadurch unterschiedliche Luftdrücke und dadurch Luftzug durch den Bau.

Pitot-Rohr: Henri de Pitot arbeitete zu Beginn seiner Tätigkeit als Mathematiker und
Astronom. Er beschäftigte sich mit Strömungen in Flüssen und Kanälen. Auf Basis
der irrigen Annahme, die Fließgeschwindigkeit eines Gewässers würde mit der Tiefe
zunehmen, ersann er ein Gerät, das diese Geschwindigkeit anzeigen konnte. Das
Pitot-Rohr wurde später für die Schifffahrt zur Messung der Schiffsgeschwindigkeit
eingesetzt. Im Prototyp wurde nur der Staudruck erfasst, da man davon ausging,
wenn das Schiff sich nicht bewegt, nur der statische Druck des Wassers auf die
Membrane wirkt. Da das Pitot-Rohr immer in der gleichen Tiefe den Druck gemessen hat, konnte das Prinzip für diesen Bedarfsfall akzeptiert werden. Eine Besonder-
heit hat diese Variante, denn sowohl die Vorwärts- als auch die Rückwärtsbewegung
des Schiffs war nach diesem Verfahren messbar.

---

[19]Henri de PITOT, 3.5.1695 - 27.12.1771, franz. Wasserbauingenieur
[20]Ludwig PRANDTL, 4.2.1875 - 15.8.1953, dt. Ingenieur

Das Prandtl'sche Staurohr: Das Prandtl'sche Staurohr erweitert das Pitot-Rohr um die Messung des statischen Drucks und somit ist dieses Verfahren universell einsetzbar. Außerdem hat das Prandtl'sche Staurohr eine Heizung, damit der Einlauf des Staurohres nicht vereist. Diese Variante wird häufig in der Luftfahrt verwendet.

Beispiel 2.7.3.1: *Ein an ein Prandtl'sches Staurohr angeschlossene Manometer zeigt einen Druckunterschied $p_0 - p = 137\,Pa$ an. Beachte, daß $1\,Pa = 1\,kg/(s^2\,m)$ gilt (vgl Anhang). Dann berechnet sich die Geschwindigkeit der anströmenden Luft mit der Bernoulli-Gleichung gemäß*

$$p_0 - p = \frac{\rho}{2}v^2 \iff v = \sqrt{\frac{2(p_0 - p)}{\rho}} = \sqrt{\frac{2 \cdot 137\,kg\,m^3}{s^2\,m\,1.21\,kg}} \approx 15.05\,m/s.$$

2.7.4 Stationäre Strömungen mit Reibung

Bei realen Fluiden tritt eine zu berücksichtigende innere Reibung auf. Diese wird verursacht durch die Viskosität des betrachteten Fluids. Um diesen Begriff zu erklären, wird eine dünne Platte betrachtet, die, parallel zu sich selbst, aus einer zähen Flüssigkeit herausgezogen wird, nachdem sie zuvor dort hineingetaucht wurde. Man denke zB an ein mit Honig gefülltes Glas (frisch aus dem Kühlschrank) und an ein Messer, daß in den Honig eingetaucht wird. Beim Herausziehen wird folgendes festgestellt:

- Es ist ein deutlicher Widerstand zu verspüren. Dieser wird durch eine Reibungskraft F_R verursacht, die der Bewegungsrichtung entgegengesetzt wirkt.

- Je schneller die Platte aus der Flüssigkeit gezogen wird, umso größer ist die Reibungskraft F_R.

- Die Reibungskraft hängt von der Fläche der Platte ab.

- Unmittelbar an der Platte bildet sich eine relativ zur Platte ruhende, fest anliegende Flüssigkeitshaut. Hier tritt also keine Reibung auf.

- Beiderseits dieser Haut wird die Flüssigkeit von der Platte nur noch zum Teil mitgenommen. Diesr Bereich wird Grenzschicht genannt.

Wird die Richtung orthogonal zur Platte mit x bezeichnet, so kann festgestellt werden, daß die Reibungskraft einerseits proportional zur Fläche der Platte, die die Flüssigkeit berührt, und andererseits zur Geschwindigkeitsänderung in x-Richtung ist. Es gilt das

NEWTON[21]'SCHE REIBUNGSGESETZ

$$F_R = -\eta\, A\, \frac{dv}{dx}, \tag{43}$$

mit der Proportionalitätskonstanten η. Diese Konstante wird die Viskosität oder die dynamische Zähigkeit der Flüssigkeit genannt, ihre physikalische Einheit ist $[\eta] = Ns/m^2 = s\,Pa$. Das Geschwindigkeitsgefälle dv/dx kann auch nichtlinear sein.

Die Viskosität ist keine generelle Stoffkonstante, sondern kann von verschiedenen Parametern, wie zB Temperatur, Druck, Geschwindigkeitgefälle und der Zeit abhängen. Eine Liste mit Viskositätswerten verschiedener Fluide ist in Tab 13 enthalten.

Die Viskosität von Wasser ist Abhängigkeit von der Temperatur. Der prinzipielle Verlauf der Viskosität als Funktion der Temperatur bei $p_0 = 1\,bar$ ist in Abb 32 zu sehen.

2.7.5 Gesetz von Hagen-Poiseuille

Nun werde ein Fluid mit der Viskosität η betrachtet, das laminar durch ein enges, innen glattwandiges Rohr der Länge L mit dem Radius R fließt. Es kann gezeigt werden, daß sich mit dem in Kap 42 eingeführten Volumenstrom $\dot{V} = dV/dt$ die Differenz der Drücke am Anfang und am Ende des Rohres berechnen läßt mit dem

---

[21]Sir Isaac NEWTON, 4.1.1643 - 31.3.1727, engl. Physiker und Mathematiker

Fluid	ϑ in $^\circ C$	η in $mPa\,s$
Wasser	0	1.793
	20	1.01
	60	0.467
Blut	37	4.0
Motoröl (SAE 10W)	30	200
Alkohol	20	1.2
Glycerin	0	10^4
	20	1410
	60	81
Luft	0	0.0171
	20	0.0181

Tabelle 13: Viskosität verschiedener Fluide, vgl [18].

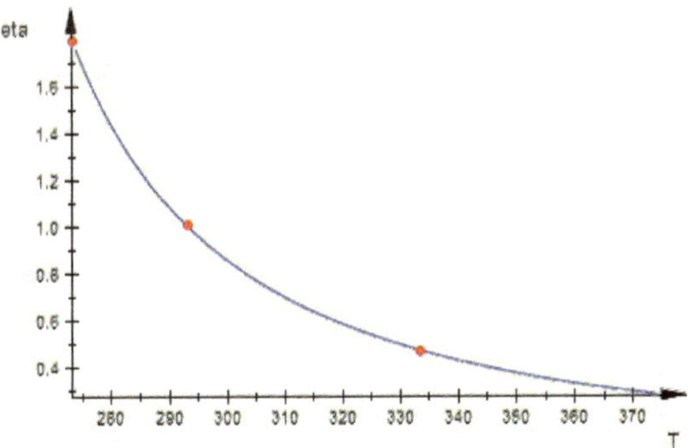

Abbildung 32: Die Viskosität von Wasser in Abhängigkeit von der Temperatur bei $p_0 =$ 1 bar.

GESETZ VON HAGEN[22] -POISEUILLE[23]

[22]Gotthilf Heinrich Ludwig HAGEN, 3.3.1797   3.2.1884, dt. Ingenieur

[23]Jean Léonard Marie POISEUILLE, 23.4.1797 - 26.12.1869, franz. Physiker

$$\Delta p = p_A - p_E = \frac{8\,\eta\,L}{\pi\,R^4}\,\dot{V} \iff \dot{V} = \frac{(p_A - p_E)\,\pi\,R^4}{8\,\eta\,L}.$$

Bei diesem Gesetz ist ein Druckabfall der Größenordnung $1/R^4$ zu erkennen. Halbiert sich beispielsweise der Radius, so nimmt der Druckabfall bei einem gegebenen Volumenstrom um den Faktor 16 zu. Es wird also ein 16-fach höherer Druck benötigt, um den gleichen Volumenstrom durch das Rohr zu pumpen. Dies ist natürlich auch bei den Menschen problematisch, denn mit einer zunehmenden Verengung der Blutgefäße steigt der Blutdruck extrem an.

2.7.6 Stokes'sche Reibungskraft

Abschließend wird die laminare Umströmung einer Kugel vom Radius R durch eine viskose Flüssigkeit mit der Dichte ρ_F und der Viskosität η_F betrachtet. Das Koordinatensystem werde so in den Mittelpunkt der Kugel gelegt, daß die positive x-Achse nach rechts und die positive z-Achse nach oben zeigt. Die Flüssigkeit möge von links nach rechts strömen. Die Strömungsgeschwindigkeit im ungestörten Bereich möge v sein. Die an die Kugeloberfläche angrenzende Flüssigkeitsschicht haftet an der Kugel, wodurch in einem Strömungsbereich der Größenordnung R ein Geschwindigkeitsgefälle $dv/dz = v/R$ auftritt (vgl Abb 33). Die Oberfläche der Kugel beträgt $4\pi R^2$. Gemäß dem Newton'schen Reibungsgesetz (43) greift an der Kugeloberfläche die Reibungskraft

$$F_R = \eta_F\,4\,\pi\,R^2\,\frac{v}{R} = \eta_F\,4\,\pi\,v\,R \tag{44}$$

an, die durch eine entgegengesetzte äußere Kraft gleichen Betrages kompensiert werden muß, um die Kugel am Ort zu halten. Da die Kugel in ihrer Umgebung den Strömungsquerschnitt für die Flüssigkeit einengt, ist in der Realität die Strömunggeschwindigkeit in der Nachbarschaft der Kugel wegen der Kontinuitätsgleichung (42) größer als in (44) angenommen. Durch eine kompliziertere Theorie kann gezeigt werden, daß folgendes

$$F_R = 6\,\pi\,\eta\,R\,v$$

gilt.

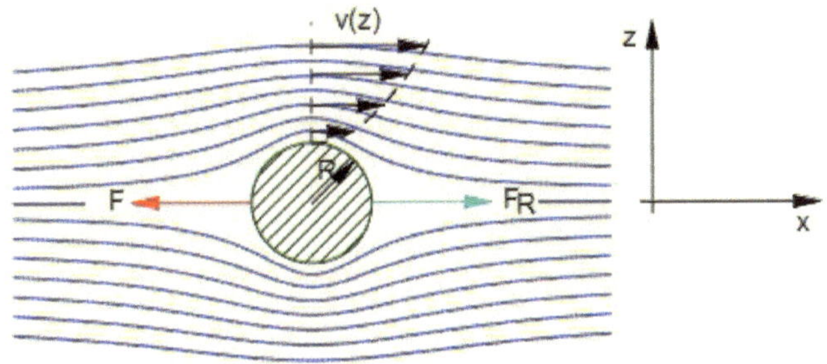

Abbildung 33: Stromlinien um eine Kugel im 2-D-Schnitt.

Zum Schluß sei noch bemerkt, daß die Umströmung einer Fluidkugel mit der Dichte ρ_K und der Viskosität η_K das

VERALLGEMEINERTE STOKES'SCHE REIBUNGSGESETZ:

$$F_R = 6\,\pi\,\eta_F\,R\,v\,\frac{2\eta_F + 3\eta_K}{3\eta_F + 2\eta_K}$$

für die Reibungskraft ergibt.

3 Geometrische Optik

3.1 Einleitung

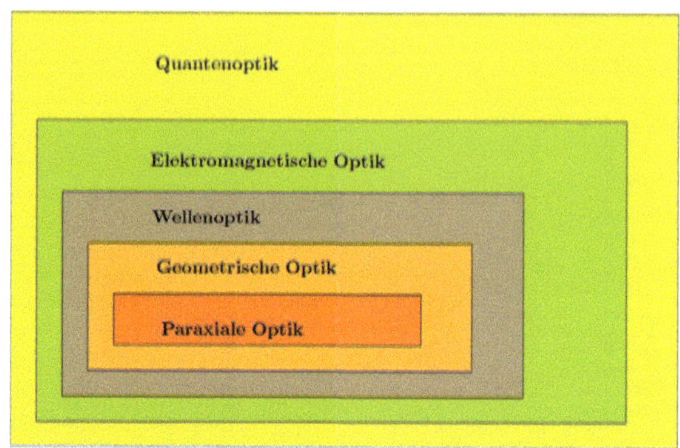

Abbildung 34: Enteilung der Optik.

Die Quantenoptik beschreibt praktisch alle optischen Erscheinungen. Die elektromagnetische Theorie des Lichts gibt die umfassendste Beschreibung von Licht im Rahmen der klassischen Physik. Die Wellenoptik ist wiederum die skalare Näherung für die elektromagnetische Optik. Die geometrische Optik ist der Grenzfall der Wellenoptik für kleine Wellenlängen. In der paraxialen Optik werden Strahlen betrachtet, die nahezu parallel zur optischen Achse verlaufen.

In der Physik versteht man unter Optik die Lehre vom Licht als den Teil des elektromagnetischen Spektrums, der sich vom Infrarot über das sichtbare Licht bis hin zum Röntgenbereich erstreckt. Nur ein kleiner Teilbereich der elektromagnetischen Stahlung ist für den Menschen sichtbar. Dieser sichtbare Bereich des Lichts erstreckt sich zwischen etwa $380\,nm$ bis $780\,nm$, bzw $789\,THz$ bis $385\,THz$. Der Bereich darunter wird Ultraviolettstrahlung und der Bereich darüber wird Infrarotstrahlung genannt.

In dieser Vorlesung werden das Strahlen- und das Wellenmodell des Lichts besprochen. Das Strahlenmodell ist die Grundlage der geometrischen Optik. Die geome-

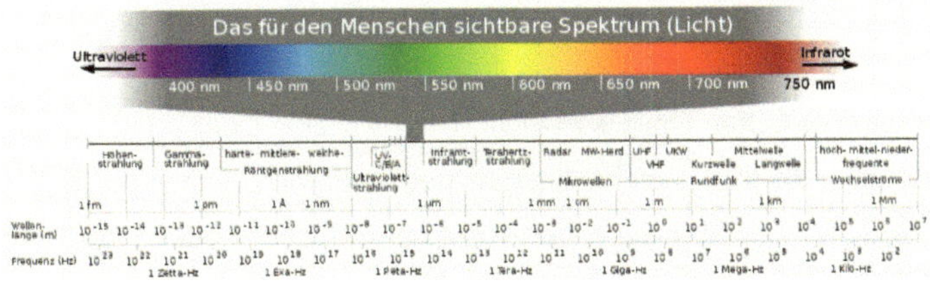

Abbildung 35: Elektromagnetisches Spektrum.

---

[a]Von Horst Frank, CC BY-SA 3.0, $https://commons.wikimedia.org/w/index.php?curid = 3726606$

trischen Abmessungen der optischen Elemente, wie zB Spiegel, Linsen oder Prismen, sind hier im Verhältnis zur Wellenlänge λ des Lichts groß. Licht wird als aus vielen Lichtstrahlen zusammengesetzt betrachtet. Hierdurch läßt sich Lichtausbreitung, Brechung und Transmission an optischen Elementen auf einfache geometrische Weise beschreiben. Die Strahlenoptik ist der Grenzfall der Wellenoptik für $\lambda \to 0$.

Es gibt aber Phänomene, zB Beugung, Interferenz oder Polarisation, die innerhalb der geometrischen Optik nicht erklärt werden können. Für solche Phänomene muß dann die Wellenoptik, oder die elektromagnetische Optik oder die Quantenoptik verwendet werden.

3.2 Einleitung in die geometrische Optik

In der geometrischen Optik wird Licht durch einzelne Lichtstrahlen (kurz Strahlen) beschrieben, die sich nach bestimmten geometrischen Regeln durch optische Medien bewegen. Die Strahlen gehen von einer Lichtquelle oder auch Punkten eines Objekts aus. Die geometrische Optik läßt sich anwenden, wenn die betrachteten Gegenstände und Geräte viel größer als die Wellenlänge des Lichts sind. Mittels der geometrischen Optik können die meisten alltäglichen Erscheinungen im Zusammenhang mit Licht gut beschrieben werden. Es gibt aber Phänomene, die innerhalb der geometrischen Optik nicht erklärt werden können. Für solche Phänomene muß dann die Wellenoptik, oder die elektromagnetische Optik oder die Quantenoptik verwendet werden.

In diesem Kapitel über die geometrische Optik werden Spiegelungen, Abbildungen an ebenen Spiegeln, Hohlspiegeln und Linsen besprochen. Es wird besprochen, wie Strahlengänge zu konstruieren sind und wie dadurch die Funktionsweise optischer Geräte verstanden werden kann. Zunächst werden folgende Postulate als gültig betrachtet.

POSTULATE DER GEOMETRISCHEN OPTIK:

- *Licht breitet sich in Form von Strahlen aus. Die Strahlen werden von Lichtquellen emittiert und können beobachtet werden, wenn sie einen optischen Detektor erreichen.*

- *Optische Medien werden durch eine Funktion $n \geq 1$ charakterisiert, den Brechungsindex. Dieser kann von diversen Größen, wie zB vom Ort x, von der Wellenlänge des Lichtes, von der Temperatur usw abhängen. Für den Brechungsindex gilt $n = c_0/c$, wobei c_0 die Lichtgeschwindigkeit im Vakuum und c die Lichtgeschwindigkeit im betrachteten Medium bezeichnen.*

- *Die Zeit, die das Licht zum Zurücklegen einer Strecke d benötigt, ist daher $d/c = nd/c_0$. Sie ist proportional zum Produkt nd, das auch als optische Weglänge bezeichnet wird.*

- *In einem inhomogenen Medium ist der Brechungsindex n eine Funktion des Ortes x. Die optische Weglänge für einen gegebenen Weg zwischen zwei Punkten A und B ist daher gegeben durch das Kurvenintegral*

$$\text{optische Weglänge} = \int_A^B n(x)\,ds.$$

  Die Zeit, die das Licht von A nach B benötigt, ist proportional zur optischen Weglänge.

- FERMAT'SCHES PRINZIP: *Licht bewegt sich zwischen zwei Punkten A und B so, daß die benötigte Zeit (bzw die optische Weglänge) im Vergleich zu benachbarten Wegen ein Extremum annimmt. Mathematisch heißt das*

$$\delta \left(\int_A^B n(x)\,ds \right) = 0,$$

  wobei $\delta(...)$ als „Variation von ..." zu lesen ist. In der Regel entspricht dies einem Minimum, sodaß folgende Aussage gilt: Lichtstrahlen breiten sich entlang des Weges aus, der die kürzeste Zeit in Anspruch nimmt.

3.3 Lichtausbreitung in einem homogenen Medium

Ein homogenes Medium ist in der Optik dadurch gekennzeichnet, daß sein Brechungsindex und somit die Lichtgeschwindigkeit in ihm überall gleich ist. Aus dem Fermat'schen Prinzip folgt damit:

Lichtstrahlen breiten sich in homogenen Medien geradlinig aus.

3.4 Reflexion und Brechung an Grenzflächen

An der Grenzfläche zwischen zwei Medien 1 und 2 mit den Brechungsindizes n_1 und n_2 wird ein einfallender Lichtstrahl in einen reflektierten und einen transmittierten Strahl aufgespalten (vgl Abb 36). Die Einfallsebene ist durch den einfallenden Lichtstrahl und die Flächennormale der Grenzfläche am Einfallspunkt festgelegt. Einfallswinkel α_1 und Ausfallswinkel α_1' sind in Abb 36 definiert.

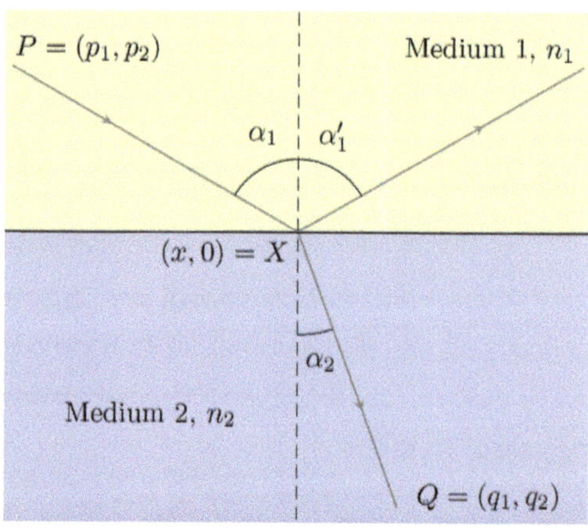

Abbildung 36: Reflexion und Transmission an einer Ebene

Für den reflektierten Strahl gilt das

REFLEXIONSGESTZ:

> *Der einfallende Strahl, das Einfallslot und der reflektierte Strahl liegen in einer Ebene, der Einfallsebene. Der Reflexionswinkel ist gleich dem Einfallswinkel, dh es gilt*
>
> $$\alpha_1 = \alpha_1'.$$

SELBSTTEST: *In Abb 37 sind drei blau gezeichnete Spiegel zu sehen. Welche der Gegenstandspunkte A bis F können von dem rot gezeichneten Auge gemäß dem Reflexionsgesetz in den Spiegeln gesehen werden?*

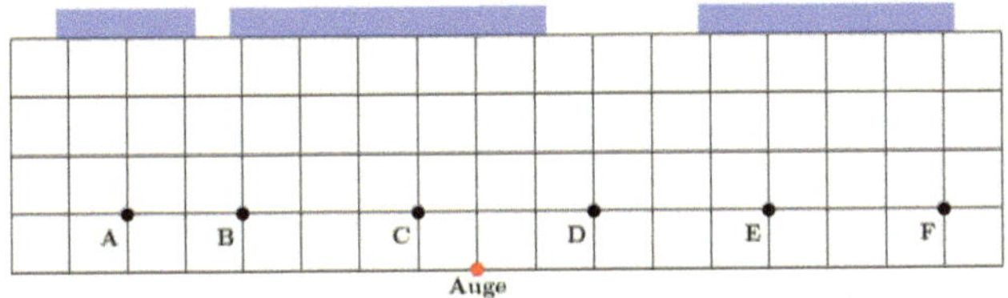

Abbildung 37: Sehen und gesehen werden.

Der transmittierte (gebrochene) Strahl gehorcht folgendem

BRECHUNGSGESETZ VON SNELLIUS:

Der einfallende Strahl, das Einfallslot und der transmittierte Strahl liegt in der Einfallsebene. Der Beugungswinkel α_2 hängt mit dem Einfallswinkel α_1 gemäß dem Brechungsgesetz von Snellius

$$n_1 \sin \alpha_1 = n_2 \sin \alpha_2 \iff c_2 \sin \alpha_1 = c_1 \sin \alpha_2$$

zusammen.

Beachte, daß wegen $n = c_0/c$ in dem Gesetz von Snellius c_1 bzw c_2 die Lichtgeschwindigkeiten in den Medien 1 bzw 2 bezeichnen. Da die Lichtgeschwindigkeit im Vakuum $c_0 = 299792458\,m\,s^{-1}$ beträgt, gilt im Vakuum $n = 1$. Falls beispielsweise das Medium 1 ein Vakuum ist, so ergibt das Brechungsgesetz von Snellius

$$\frac{\sin \alpha_1}{\sin \alpha_2} = n_2$$

Optische Medien werden unterschieden in optisch dünne und optisch dichte Medien. Optisch dünne Medien haben einen kleinen Brechungsindex und optisch dichte Medien haben einen großen Brechungsindex. Aus dem Brechungsgesetz von Snellius ergibt sich folgender

MERKSATZ:

> *Beim Übergang von einem optisch dichteren zu einem optisch dünneren Medium wird der Lichtstrahl vom Einfallslot weg gebrochen. Umgekehrt wird er beim Übergang von einem optisch dünneren zu einem optisch dichteren Medium zum Einfallslot hin gebrochen.*

Hierbei kann es zu einem wichtigen Sonderfall kommen. Ist $n_1 > n_2$, so ist der Brechungswinkel größer als der Einfallswinkel ($\alpha_2 > \alpha_1$) und mit steigendem α_1 wird irgendwann $\alpha_2 = 90°$ erreicht. In diesem Fall spricht man von

TOTALREFLEXION:

> *Erreicht beim Übergang von einem optisch dichteren zu einem optisch dünnernen Medium der Einfallswinkel den kritischen Winkel*
>
> $$\alpha_k = \arcsin \frac{n_2}{n_1},$$
>
> *so gilt*
>
> $$n_1 \sin \alpha_k = n_2 \sin(\pi/2) = n_2.$$
>
> *(vgl Abb 38).*
>
> *Überschreitet der Einfallswinkel den kritischen Winkel α_k, so gilt das Gesetz von Snellius nicht länger und es tritt keine Brechung ein. Der einfallende Strahl wird nun vollständig reflektiert (Totalreflexion).*

Diese Totalreflexion wird in vielen technischen Anwendungen der Optik ausgenutzt, zB bei reflektierenden Prismen oder bei optischen Fasern (vgl Abb 39). In der elektromagnetischen Optik kann gezeigt werden, daß bei Totalreflektion der reflektierte Strahl die gesamte transportierte Energie enthält, und somit keine Verluste auftreten.

BEISPIEL 3.4.1: *Ein ebener Glasblock sei mit einer dünnen durchsichtigen Kunststoffschicht beschichtet. Ein Lichtstrahl passiert von Luft kommend die Kunststoffschicht und dringt dann in den Glasblock ein (vgl Abb 40). Der Winkel „Luft-Kunststoff" sei 25°. Wenn der Strahl in das Glas eingedrungen ist, so habe er seine Richtung zur*

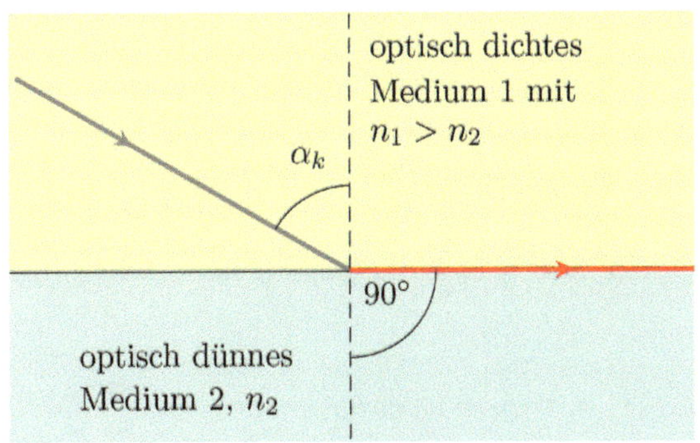

Abbildung 38: Totalreflexion.

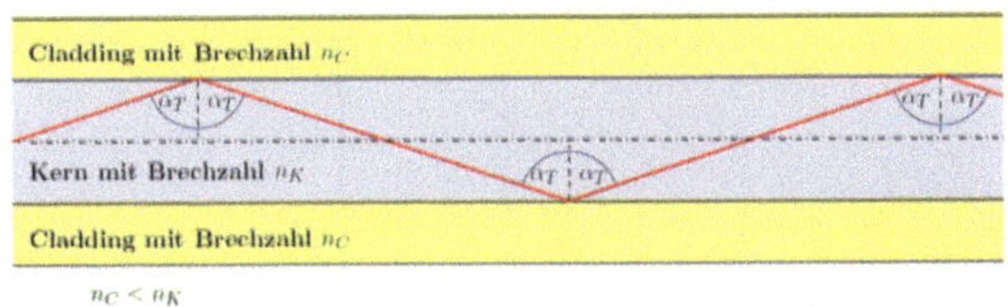

Abbildung 39: Lichtführung durch Totalreflexion.

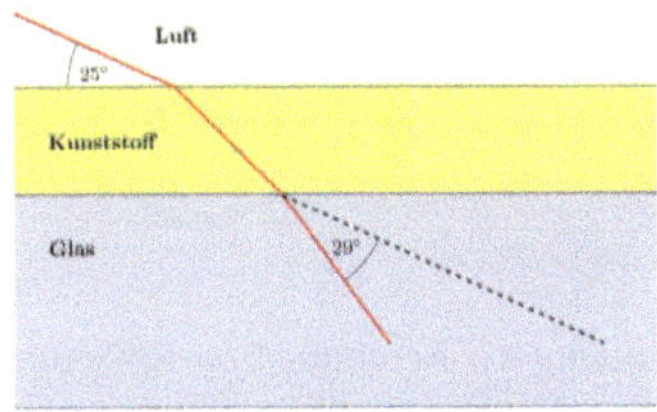

Abbildung 40: Lichtbrechung an einem Übergang „Luft-Kunststoff-Glas".

ursprünglichen Richtung um 29° *geändert. Berechne den Brechungsindex des Glases, ohne Winkel an der Abb zu messen. Aus der Rechnung soll klar hervorgehen, daß der Brechungsindex für den Kunststoff nicht bekannt sein muß.*

LÖSUNG: *Bezeichne* $n_L = 1.0003$ *den Brechungsindex von Luft,* n_K *den des Kunststoffs und* n_G *den gesuchten des Glases. Bezeichne ferner* $\alpha_L = 90° - 25°$ *den*

*Einfallswinkel und α_K den Transmissionswinkel für den Übergang „Luft - Kunststoff".
$\alpha_G = 90° - 25° - 29°$ bezeichne den Transmissionswinkel für den Übergang „Kunststoff - Glas". Für die Übergänge „Luft - Kunststoff" bzw „Kunststoff - Glas" gilt jeweils
das Brechungsgesetz von Snellius:*

$$n_L \sin \alpha_L = n_K \sin \alpha_K \quad \textbf{bzw} \quad n_K \sin \alpha_K = n_G \sin \alpha_G.$$

Hieraus folgt

$$n_L \sin \alpha_L = n_G \sin \alpha_G \quad \Longleftrightarrow \quad n_G = n_L \frac{\sin \alpha_L}{\sin \alpha_G}.$$

*Werden hier die gegebenen Werte eingesetzt, so ergibt sich $n_G \approx 1.54$. Es ist deut-
lich zu sehen, daß der Wert für den Brechungsindex für den Kunststoff weder ge-
braucht wird, noch daß er in der Formel für n_G auftaucht.*

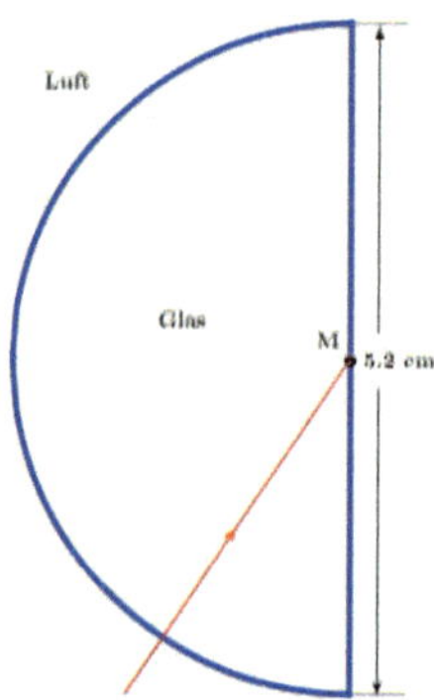

Abbildung 41: Brechung bzw Reflexion in Glas.

BEISPIEL 3.4.2: *Ein Lichtstrahl trifft auf die gewölbte Seite einer halbkreisförmigen
Linse aus Glas mit dem Brechungsindex $n_G = 1.52$. Der Strahl ist auf den Mittelpunkt
M des Glases gerichtet (vgl Abb 41) und die Länge der planen Seite beträgt $5.2\,cm$.
Wieviel Zeit vergeht vom Eintritt des Strahls in das Glas bis zu dessen Austritt? Wie
groß ist der kritische Winkel α_k für Totalreflexion im Punkt M?*

LÖSUNG: *Der Lichtstrahl trifft senkrecht auf die Tangentialfläche des Glase, also
ist der Einfallswinkel für den Übergang „Luft $\rightarrow$ Glas" gegeben durch $\alpha_L = 0°$. Für*

den Brechungsindex im Glas gilt $n_G = c_0/c_G$, mit den Lichtgeschwindigkeiten c_0 im Vakuum und c_G im Glas.

a) Wird der Lichtstrahl beim Auftreffen auf die Grenzfläche „Glas - Luft" am Mittelpunkt M nicht gebrochen, sondern nur reflektiert, so muß er im Glas den Weg $s = 5.2\,cm$ zurücklegen. Nach dem Weg-Zeit-Gesetz folgt damit

$$t_G = \frac{s}{c_G} = \frac{s \cdot n_G}{c_0} = \frac{5.2 \cdot 10^{-2}\,m \cdot 1.52}{299792458\,m/s} \approx 0.264\,ns.$$

b) Für den Fall, daß der Strahl im Punkt M auch gebrochen wird, so verlässt ein Teil des Lichts das Glas und verweilt somit nur halb solange im Glas, also nur $t_G/2 = 0.132\,ns$. Der reflektierte Teil benötigt weiterhin die Zeit t_G.

c) Der kritische Winkel α_k für die Totalreflexion berechnet sich zu

$$\alpha_k = \arcsin\left(\frac{n_L}{n_G}\right) = \arcsin\left(\frac{1.003}{1.52}\right) \approx 41.16°.$$

3.5 Reflexion an Spiegeln

Die einfachsten optischen Elemente sind Spiegel. Sie bestehen aus polierten Glas- oder Metallkörpern. An der Spiegeloberfläche sollen einfallende Lichtstrahlen möglichst vollständig reflektiert werden. Daneben gibt es auch halbdurchlässige Spiegel, sogenannte Strahlteiler. Auf diese soll hier nicht eingegangen werden. Eine möglichst vollständige Reflexion kann dadurch erreicht werden, daß auf die Vorder- oder Rückseite metallische oder dielektrische Schichten aufgebracht werden. Es gibt ebene und gewölbte Spiegel. Zu den gewölbten Spiegeln zählen konvexe oder konkave Hohl- oder Wölbspiegel. Die Symmetrieachse eines rotationssymmetrischen optischen Systems wird als optische Achse bezeichnet. In den Zeichnungen wird sie immer durch eine Strich-Punkt-Linie gezeichnet. Die optische Achse wird als z-Achse gezeichnet und nach links als positiv definiert. Orthogonal dazu zeigt die positive y-Achse nach oben. Folgende Vorzeichenregeln sind festgelegt.

> • *Lichtstrahlen laufen von links nach rechts.*
>
> • *Es werden orientierte Strecken benutzt. Diese werden vom Bezugspunkt nach rechts (in Lichtrichtung) positiv und nach links negativ gezählt.*
>
> • *Der Krümmungsradius R bei Linse und Spiegel wird positiv gezählt, wenn der Krümmungsmittelpunkt C rechts vom Scheitel S liegt, und negativ, wenn C links von S liegt.*
>
> • *Einander entsprechende Größen im Bild- und Gegenstandsraum sind solche, die ineinander abgebildet werden können. Sie erhalten gleiche Buchstaben, wobei Größen im Bildraum zusätzlich oben rechts einen Strich bekommen, zB s und s'.*

In Abbildungen wird oft dadurch auf das Vorzeichen einer Größe hingewiesen, daß es hinter (oder auch vor) der Größe etwas tiefer gesetzt in Klammern geschrieben wird, zB $f_{(-)}$.

Bei Lichtstrahlen werden folgende vier Hauptstrahlen definiert:

- Parallelstrahlen verlaufen parallel zur optischen Achse,

- Brennpunktstrahlen verlaufen vom Objekt durch den Brennpunkt F,

- Mittelpunktstrahlen verlaufen durch den Krümmungsmittelpunkt C, und

- Scheitelpunktstrahlen verlaufen vom Objekt zum Scheitelpunkt S des Spiegels.

Die Lichtreflexion und die Bildkonstruktion an für die Optik wichtigen Spiegeln wird im Folgenden besprochen.

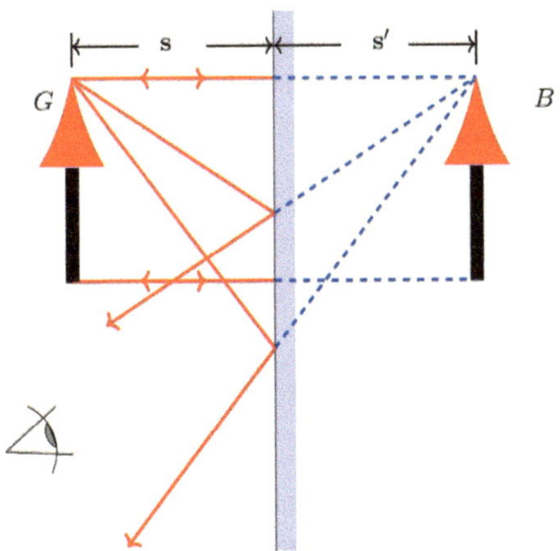

Abbildung 42: Bildkonstruktion an einem ebenen Spiegel ($s = s'$).

EBENE SPIEGEL: Von einem realen Gegenstand G ausgehende Strahlen werden an einem ebenen Spiegel so reflektiert, daß es scheint, als ob die reflektierten Strahlen von einem Gegenstand B hinter dem Spiegel ausgehen. Hierbei entsteht ein sogenanntes virtuelles Bild hinter dem Spiegel. Reale Bilder können im Gegensatz zu virtuellen (scheinbaren) Bildern auf einer Mattscheibe sichtbar gemacht werden. Insbesondere gilt:

- Reales und virtuelles Bild sind symmetrisch zueinander,

- sie sind gleichweit vom Spiegel entfernt, es gilt also $s = s'$,

- Spiegelbild und Gegenstand haben die gleichen Abmessungen und das Spiegelbild steht aufrecht,

- mathematisch handelt es sich um eine Spiegelung.

Die Konstruktion des virtuellen Spiegelbildes eines realen Gegenstands ist in Abb 42 erkenntlich.

PARABOLSPIEGEL: Bei einem Parabolspiegel bildet die spiegelnde Fläche ein Rotationsparaboloid. Der in Abb 43 definierte Abstand $\overline{SF} = f$ heißt Brennweite und

F heißt Brennpunkt. Bei Parabolspiegel werden parallel zu seiner optischen Achse eingehende Strahlen in einem einzigen Punkt, dem Brennpunkt F, gebündelt. Befindet sich im Brennpunkt eine Lichtquelle, zB eine Taschenlampenbirne, so werden die von dieser Lichtquelle ausgehenden Strahlen in ein am Spiegel reflektiertes paralleles Strahlenbündel umgewandelt. Es gilt folgender

MERKSATZ:

> *Bei einem Parabolspiegel werden Parallelstrahlen zu Brennpunktstrahlen und umgekehrt werden Brennpunktstrahlen zu Parallelstrahlen.*

Bekannte technische Anwendungen mit Parabolspiegeln sind beispielsweise Autoscheinwerfer oder auch Parabolantennen.

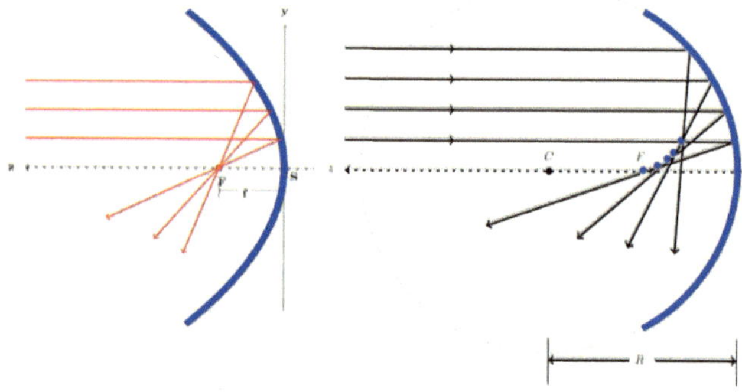

Abbildung 43: Reflexion an einem Parabol- bzw sphärischen Spiegel. Links: Parallelstrahlen gehen nach Reflexion durch den Brennpunkt. Rechts: Paralellstrahlen gehen nach Reflexion nicht alle durch den Brennpunkt. Die blauen Punkte deuten den Anfang der Katakaustik an.

SPHÄRISCHE SPIEGEL: Bei einem sphärischen Spiegel wird die spiegelnde Fläche durch einen Teil einer Sphäre gebildet. Bei ihm werden die von parallel zur optischen Achse einfallenden Strahlen am Spiegel reflektiert. Die reflektierten Strahlen werden aber nicht wie bei einem Parabolspiegel im Brennpunkt gebündelt. Die Einhüllende der reflektierten Strahlen (vgl die blauen Punkte in Abb 43) wird katakaustische Fläche genannt (vgl auch Abb 44).

Abbildung 44: Katakaustik an einem Goldring

Unter paraxialen Strahlen werden solche verstanden, die nahe zur Spiegelachse in einem kleinen Winkel θ zu ihr verlaufen, sodaß $\sin\theta \approx \theta$ gilt. Paraxiale Strahlen werden annähernd auf einen Punkt F in der Entfernung $-R/2$ vom Zentrum C des Spiegels abgebildet (R= Radius der Sphäre). Gemäß DIN 1335 wird R bei Konkavspiegeln negativ und bei Konvexspiegeln positiv gezählt. Für paraxiale Strahlen verhält sich ein sphärischer Spiegel annähernd wie ein Parabolspiegel. Dies ist nicht verwunderlich, denn eine Parabel kann in der Nähe der optischen Achse durch einen Kreisabschnitt angenähert werden.

Liegen die Strahlen weiter von der optischen Achse entfernt, oder weicht der Winkel θ zur optischen Achse stärker ab, so gilt nicht länger die Gleichung $\sin\theta \approx \theta$ und die Abbildungsfehler werden größer.

BILDKONSTRUKTION BEIM KONKAVEN SPHÄRISCHEN SPIEGEL: Zur Konstruktion des Bildpunktes eines beliebigen Punktes des Objekts werden mindestens zwei der oben genannten Hauptstrahlen verwendet. Wird zB ein Parallel- und ein Brennpunktstrahl verwendet, so geht der Parallelstrahl nach der Reflexion am Spiegel durch den Brennpunkt und der Brennpunktstrahl wird nach der Reflexion am Spiegel zu einem Parallelstrahl. Beide reflektierten Strahlen schneiden sich auf der Objektseite des Spiegels. Dieser Schnittpunkt ist der entsprechende Bildpunkt (vgl Abb 45, linker Teil). Wird alternativ ein Mittelpunkt- und ein Scheitelpunktstrahl verwendet, so wird der Mittelpunktstrahl in sich zurück reflektiert und der Scheitelpunktstrahl wird bzgl der optischen Achse spiegelsymmetrisch reflektiert (vgl Abb 45, rechter Teil). Wird dies für alle Punkte des Objekts durchgeführt, so entsteht das Bild.

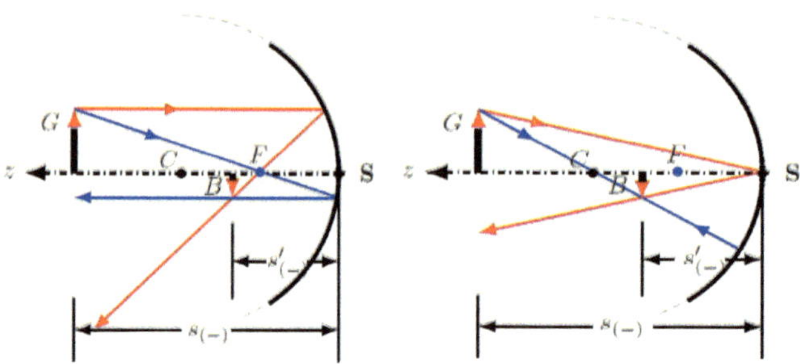

Abbildung 45: Bildkonstruktion beim konkaven sphärischen Spiegel in paraxialer Näherung. Links unter Verwendung von Parallel- und Brennpunktstrahl, rechts unter Verwendung von Scheitelpunkt- und Mittelpunktstrahl.

In Abhängigkeit von der Objektweite entstehen beim spärischen Spiegel unterschiedliche Arten von Bildern. Konkret ergibt sich folgendes: Befindet sich das Objekt

- außerhalb der doppelten Brennweite, so entsteht ein reales, verkleinertes, umgekehrtes und seitenvertauschtes Bild (vergleiche hierzu die Abb 45),

- in der doppelten Brennweite, so entsteht ein reales, gleich großes, umgekehrtes und seitenverkehrtes Bild,

- zwischen der einfachen und der doppelten Brennweite, so entsteht ein reales, vergrößertes, umgekehrtes und seitenverkehrtes Bild,

- innerhalb der einfachen Brennweite, so entsteht ein virtuelles, vergrößertes, aufrechtes und seitenrichtiges Bild auf der Rückseite des Spiegels.

118

AUFGABE: *Konstruiere beim konkaven sphärischen Spiegel jeweils das Bild eines Gegenstandes, der sich unterschiedlich weit vom Brennpunkt befindet, unter Verwendung von Parallel- und Mittelpunktstrahl.*

MERKSATZ:

> *Bei spärischen Spiegeln entstehen reale Bilder auf derjenigen Seite des Spiegels, auf der sich auch das Objekt befindet. Virtuelle Bilder entstehen auf der anderen Seite.*

Für den sphärischen Spiegel gilt in der paraxialen Näherung folgende

ABBILDUNGSGLEICHUNG:

$$\frac{1}{z_1} + \frac{1}{z_2} = \frac{2}{-R} = \frac{1}{f}. \tag{45}$$

Ferner gilt für den

ABBILDUNGSMASSSTAB β:

$$\beta = \frac{y_B}{y_O} = -\frac{z_2}{z_1}, \tag{46}$$

wobei y_B bzw y_O die Höhen des Bildes bzw des Objektes bezeichnen.

Bekannte technische Anwendungen mit konkaven sphärischen Spiegeln sind beispielsweise Rasier- oder Kosmetikspiegel. Sie erzeugen ein vergrößertes Bild, falls sich das Objekt (die Person) nahe am Spiegel befindet.

BEISPIEL 3.5.1: Vor einem konkaven sphärischen Spiegel mit einem Krümmungsradius von $R = -40\,cm$ befindet sich $s = -15\,cm$ vor dem Spiegel eine $3\,cm$ hohe Schachfigur. Zeichne das Strahlendiagramm und berechne a) die Position des Bildes sowie b) die Größe des Bildes.

LÖSUNG: Das Strahlendiagramm zeichnen Sie bitte selbst.

a) Aus dem Krümmungsradius ergibt sich die Brennweite $f = R/2 = -20\,cm$. Aus der Abbildungsgleichung folgt

$$\frac{1}{s'} = \frac{1}{f} - \frac{1}{s} = \frac{-1}{20\,cm} - \frac{-1}{15\,cm} = 0.05\,cm^{-1} \iff s' = 20\,cm.$$

Das Bild befindet sich also $20\,cm$ hinter dem Spiegel.

b) Für den Abbildungsmaßstab folgt

$$\beta = \frac{y_B}{y_O} = -\frac{s'}{s} = -\frac{20\,cm}{-15\,cm} = 1.\overline{3}.$$

Für die Bildhöhe folgt daraus $y_B = \beta \cdot y_O = 1.\overline{3} \cdot 3\,cm = 4\,cm$. Also entsteht ein virtuelles, aufrechtes Bild $20\,cm$ hinter dem Spiegel mit einer Höhe von $4\,cm$.

BILDKONSTRUKTION BEIM KONVEXEN SPHÄRISCHEN SPIEGEL: Bei der Bildkonstruktion an einem konvexen sphärischen Spiegel müssen die Beschreibungen der Hauptstrahlen geeignet abgewandelt werden (vgl Abb 46). Unabhängig von der Objektweite entsteht hier immer ein virtuelles, verkleinertes, aufrechtes und seitenrichtiges Bild. Die Abbildungsgleichung gilt auch hier, es muß aber gemäß der Vorzeichenkonvention die Brennweite und der Krümmungsradius negativ gewählt werden.

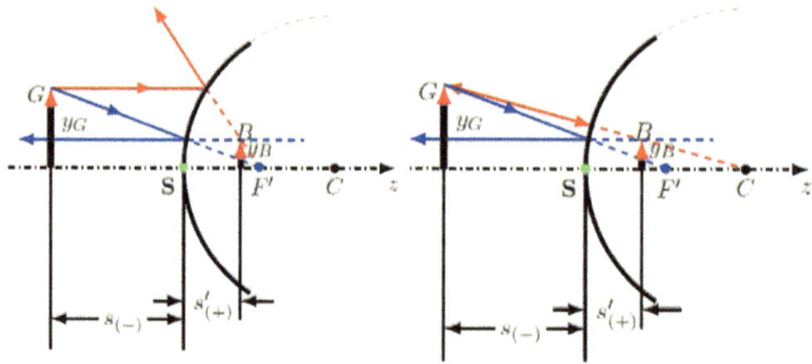

Abbildung 46: Bildkonstruktion beim konvexen sphärischen Spiegel in paraxialer Näherung. Links unter Verwendung von Parallel- und Brennpunktstrahl, rechts unter Verwendung von Brennpunkt- und Mittelpunktstrahl.

AUFGABE: *Konstruiere beim konvexen sphärischen Spiegel das Bild eines Gegenstandes unter Verwendung von Parallel- und Mittelpunktstrahl.*

Bekannte technische Anwendungen mit konvexen sphärischen Spiegeln sind beispielsweise Autorückspiegel oder Beobachtungsspiegel in Kaufhäusern. Sie verkleinern und ermöglichen dadurch ein größeres Blickfeld.

In folgender Tabelle 14 können Sie wichtige Daten im Zusammenhang mit Abbildungen an Spiegeln übersichtlich zusammenfassen. Dies erleichtert Ihnen die zukünftige Arbeit.

Spiegeltyp	eben	konkav	konkav	konkav	konkav	konvex
Position s des Objekts	beliebig	$F > s > S$	$C > s \geq F$	$s = 2 \cdot R$	$s > 2 \cdot F$	beliebig
Ort des Bildes					$C > s' > F$	
Art des Bildes					real	
Orientierung					$\Downarrow$	
Vorzeichen von f					$+$	
Vorzeichen von R					$+$	
Vorzeichen von β					$-$	

Tabelle 14: Abbildungen an Spiegeln

ABBILDUNGSFEHLER BEI NICHTPARAXIALE STRAHLEN:

Je weiter die parallel zur optischen Achse einfallenden Strahlen von dieser entfernt sind, umsoweiter entfernt sich der Durchgangspunkt der reflektierten Strahlen nach Reflexion am Spiegel auf der optischen Achse vom Brennpunkt. Hierdurch entstehen Abbildungsfehler, die als Öffnungsfehler oder als sphärische Aberration bezeichnet werden. Die Bilder werden unscharf und es entstehen die katakaustischen Flächen. In den technischen Anwendungen können diese Fehler dadurch ausgeschlossen werden, daß achsenferne Strahlen ausgeblendet werden. Hierdurch verliert allerdings das Bild an Helligkeit. Bei Parabolspiegeln treten bei zur optischen Achse parallen Strahlen keine Öffnungsfehler auf. Bei nicht-paraxialen Strahlen können aber weitere Fehler auftreten (Koma).

3.6 Linsen

Sphärische Linsen werden durch zwei sphärische Oberflächen begrenzt und sind folglich durch die Angabe der beiden Krümmungsradien R_1 und R_2 der beiden Oberflächen sowie durch die Dicke d und ihren Brechungsindex n vollständig charakterisiert. Es gibt eine Vielzahl unterschiedlicher Linsen und somit auch unterschiedlicher Funktionsweisen.

Abbildung 47: Formen sphärischer Linsen.

Wir nehmen im Folgenden immer an, daß die Objekte links von der Linse stehen und das Licht ebenfalls von links kommt. Die optische Achse der Linse verläuft durch den Mittelpunkt der Linse. Die Seitenflächen einer Linse können konkav, konvex oder eben sein.

Sammellinsen sind solche, bei denen parallel zur optischen Achse einfallende Lichtstrahlen im reellen Brennpunkt F' auf der dem Licht abgewandten Seite gebündelt (gesammelt) werden.

Zerstreuungslinsen sind solche, bei denen parallel zur optischen Achse einfallende Lichtstrahlen so gebrochen werden, daß es scheint, als ob die gebrochenen Strahlen alle aus dem objektseitigen virtuellen Brennpunkt F' kommen. Einige Linsenformen sind in Abb 47 zu sehen.

Bei Linsen gelten nachfolgende

VORZEICHENKONVENTIONEN:

> - Die Brennweite f' ist positiv bei Sammellinsen und negativ bei Zerstreuungslinsen.
>
> - Die Objektweite ist negativ, falls sich das Objekt auf der Seite der Linse befindet, von der das Licht einfällt. Andernfalls ist sie positiv. Bei Linsensystemen kann es sich anders verhalten.
>
> - Die Bildweite ist positiv, falls sich das Bild gegenüber der lichteinfallenden Seite befindet. Analog ist die Bildweite positiv, falls das Bild reell ist, und negativ für ein virtuelles Bild.
>
> - Die Bildhöhe ist positiv, falls das Bild aufrecht steht, und negativ, falls es relativ zum Objekt invertiert ist. Die Objekthöhe ist immer positiv.

Vorzeichenregeln bei Spiegeln und Linsen werden oft verwechselt! Die verwendeten Bezeichnungen sind in Abb 48 für eine dicke Linse angegeben.

Nach dem Brechungsgesetz von Snellius werden Strahlen beim Eintritt in das optisch dichtere Medium zum Einfallslot hin gebrochen; beim Eintritt in ein optisch dünneres Medium werden sie vom Lot weg gebrochen. Der prinzipielle Strahlenverlauf bei bikonvexen bzw bikonkaven Linsen ist in folgender Abbildung jeweils für den oberen Teil der Linsen gezeigt. Die Strahlen werden zweimal gebrochen.

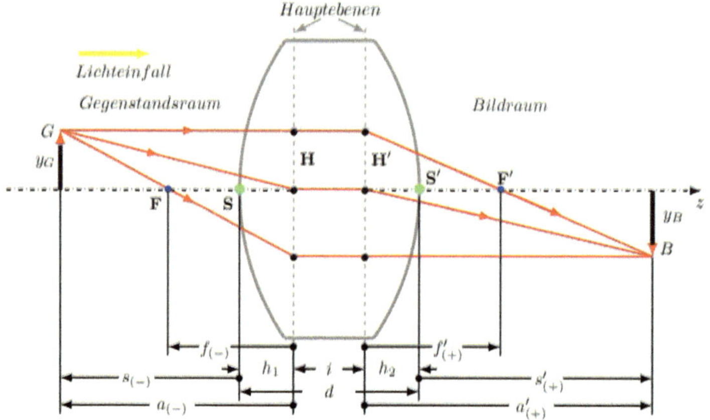

Abbildung 48: Bezeichnungen und Vorzeichen bei einer dicken bikonvexen Linse.

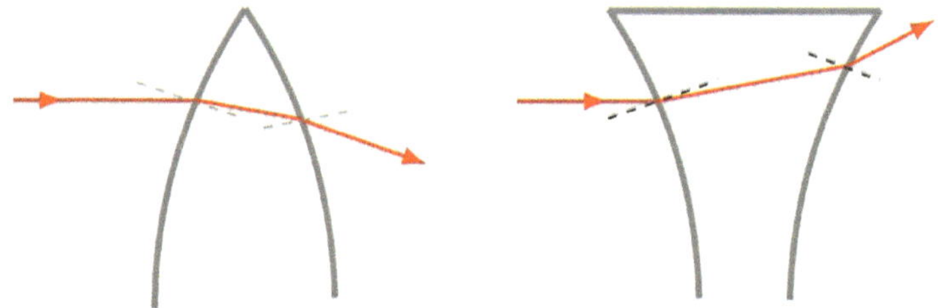

Abbildung 49: Strahlendurchgang durch den oberen Teil von Linsen.

Im konkreten Fall ist die Konstruktion der Abbildung von Objekten schwierig und müsste durch Berechnungen mittels Computerprogrammen erfolgen. Deswegen werden im Folgenden Linsen durch ihre sogenannten Hauptebenen ersetzt, um den prinzipiellen Strahlengang dadurch einfach erklären zu können.

Ferner wird, wie bereits bisher auch, mit der paraxialen Näherung gearbeitet.

3.7 Dünne Linsen

Unter einer dünnen Linse wird eine solche verstanden, bei der der Scheitelabstand, also die Dicke d der Linse, klein gegenüber den Krümmungsradien R_1 und R_2 ist und deswegen vernachässigt wird. Bei dünnen Linsen fallen die Hauptachsen zu einer zusammen. Die Linse wird dabei durch die sogenannte Hauptebene H ersetzt. Diese befindet sich orthogonal zur optischen Achse. Ferner wird vorausgesetzt, daß die Beträge beider Brennweiten gleich groß sind. Also daß $|f| = |f'|$ gilt. Für die Bildkonstruktion werden (mindestens) zwei charakteristische Strahlen verwendet.

Als solche gelten

- Parallelstrahlen, sie verlaufen vom Objekt ausgehend parallel zur optischen Achse bis zur Hauptebene der Linse und danach durch den bildseitigen Brennpunkt F', dh Parallelstrahlen werden zu Brennpunktstrahlen.

- Brennpunktstrahlen, sie verlaufen vom Objekt ausgehend durch den objektseitigen Brennpunkt F zur Hauptebene der Linse und verlassen diese parallel zur optischen Achse, dh Brennpunktstrahlen werden zu Parallelstrahlen,

- Hauptpunktstrahlen, sie gehen ohne Richtungsänderung durch den Schnittpunkt der Hauptebene mit der optischen Achse (Mitte der Linse).

BILDKONSTRUKTION BEI EINER DÜNNEN BIKONVEXEN LINSE:

Ausgehend von einem Objektpunkt werden (mindestens) zwei charakteristische Strahlen gezeichnet. Befindet sich das Objekt außerhalb von F, so schneiden sich die durch die Linse gehenden Strahlen auf der rechten Seite der Linse. An den Schnittpunkten entsteht ein Bildpunkt. Wird dieser Vorgang für verschiedene Objektpunkte durchgeführt, so entsteht allmählich das gesamte Bild B.

Befindet sich das Objekt innerhalb von F, so divergieren die durch die Linse gehenden Strahlen auf der rechten Seite der Linse. Die rückwärtigen Verlängerungen

dieser Strahlen schneiden sich linksseitig der Linse. Es entsteht ein virtueller Bildpunkt. Wird dieser Vorgang für verschiedene Objektpunkte durchgeführt, so entsteht
allmählich das gesamte virtuelle Bild B.

In Abb 50 ist die Bildkonstruktion für den Fall durchgefürt, in dem sich der Gegenstand G links vom Brennpunkt F befindet. Auf der objektabgewandten Seite entsteht
das reelle Bild B. Es ist vergrößert, umgekehrt und seitenverkehrt.

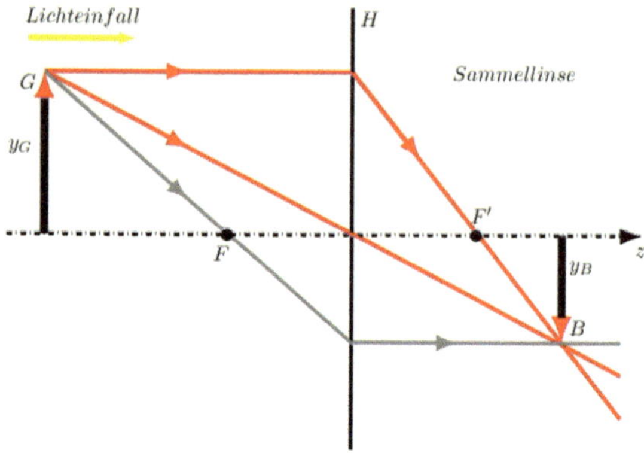

Abbildung 50: Bildkonstruktion an einer dünnen bikonvexen Linse.

In Abb 51 ist die Bildkonstruktion für den Fall durchgefürt, in dem sich der Gegenstand G innerhalb der einfachen Brennweite befindet. Auf der Objektseite entsteht
das virtuelle Bild B. Es ist vergrößert, aufrecht und seitenrichtig.

Bei einer Sammellinse kann also, je nachdem wo sich das Objekt relativ zum Brennpunkt befindet, ein reelles oder ein virtuelles Bild entstehen.

Konstruieren Sie bitte selbst das Bild, für den Fall, daß sich der Gegenstand in der
doppelten Brennweite befindet.

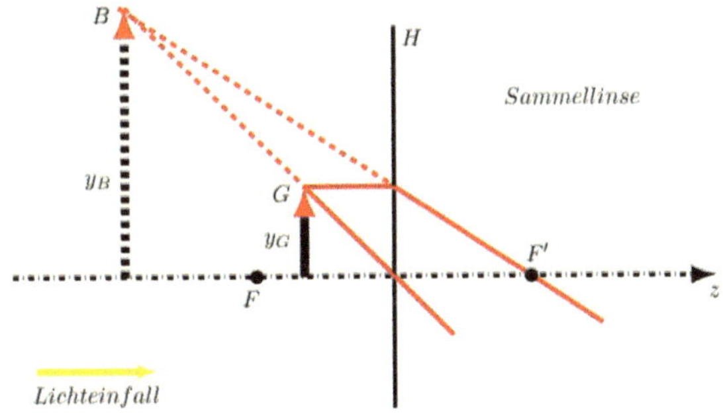

Abbildung 51: Bildkonstruktion an einer dünnen bikonvexen Linse.

BILDKONSTRUKTION BEI EINER DÜNNEN BIKONKAVEN LINSE:

Hier ist zu beachten, daß sich bei einer Zerstreuungslinse der objektseitige Brennpunkt F rechts von der Linse befindet. Entsprechend befindet sich der bildseitige Brennpunkt F' links von der Linse und die Bildbrennweite f' ist negativ. Bei der Bildkonstruktion müssen die Beschreibungen der Hauptstrahlen unabhängig von der Objektposition geändert werden, vgl nachfolgende Abbildung.

Der Parallelstrahl wird so gebrochen, daß die rückwärtige Verlängerung des gebrochenen Strahls durch den Brennpunkt F' läuft. Diese Verlängerung schneidet sich mit dem Hauptpunktstrahl. Auf der Objektseite entsteht unabhängig von der Objektposition stets ein virtuelles, aufrechtes, seitenrichtiges und verkleinertes Bild B.

MERKSATZ:

> *Bei dünnen Linsen entstehen reelle Bilder auf der Seite der Linse, die vom Objekt abgewandt ist. Virtuelle Bilder entstehen auf der dem Objekt zugewandten Seite.*

Für die Abbildungsgleichung und den Abbildungsmaßstab gelten bei dünnen Sammel- und Zerstreuungslinsen die gleichen Formeln wie für Spiegel. Bei dünnen Linsen ist $i = 0$ zu setzen (vgl obige Abb 48). Mit den Bezeichnungen aus Abb 48 gilt für den Abbildungsmaßstab sowie für die Abbildungsgleichung

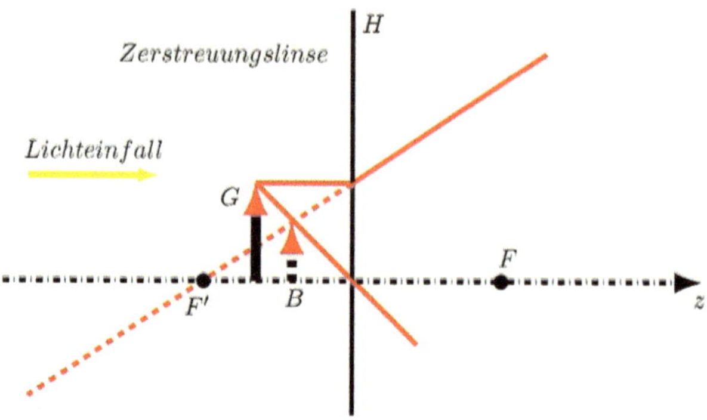

Abbildung 52: Bildkonstruktion an einer dünnen bikonkaven Linse.

$$\frac{1}{f'} = \frac{1}{a'} - \frac{1}{a} \quad \text{und} \quad \beta = \frac{y_B}{y_G} = \frac{a'}{a} = \frac{a'}{f'} - 1,$$

wobei y_B bzw y_G die Höhen des Bildes bzw des Objektes bezeichnen.

Für die Brennweite einer dünnen von Luft umgebenen Linse mit dem Brechungsindex n gilt die sogenannte

LINSENSCHLEIFERFORMEL:

$$\frac{1}{f} = (n - 1)\left(\frac{1}{R_1} - \frac{1}{R_2}\right),$$

wobei R_1 den Krümmungsradius derjenigen brechenden Fäche bezeichnet, die dem Objekt zugewandt ist, und R_2 den Krümungsradius der anderen Fläche bezeichnet.

Der Kehrwert der Brennweite heißt

BRECHKRAFT D:

$$D = \frac{1}{f}.$$

Die Einheit der Brechkraft heißt Dioptrie und hat das Einheitenzeichen dpt. Beispielsweise hat eine Linse mit der Brennweite $f = 25\,cm$ die Brechkraft $D = 1/f = 1/0.25\,m = 4\,dpt$.

BEISPIEL 3.7.1: *Die Krümmungsradien einer bikonvexen Linse betragen $R_1 = 20\,cm$ und $R_2 = -30\,cm$ und der Brechungsindex sei $n = 1.55$.*

a) Wie groß ist die Brennweite der Linse?

b) Falls das Licht nicht von links, sondern von rechts auf die Linse fällt, wie groß ist dann die Brennweite?

c) In einem Abstand von $a' = 40\,cm$ auf der rechten Seite befinde sich ein Bild. Bestimme den Ort des Gegenstands?

d) Im Abstand von $a = -16\,cm$ vor der Linse befinde sich ein Gegenstand. Bestimme den Ort des Bildes.

LÖSUNG: *a) Mit der Linsenschleiferformel ergibt sich die Brennweite*

$$
\begin{aligned}
\frac{1}{f} &= (n-1)\left(\frac{1}{R_1} - \frac{1}{R_2}\right) \\
&= (1.55 - 1)\left(\frac{1}{20\,cm} - \frac{1}{-30\,cm}\right) \\
&= 0.55 \cdot \frac{-30\,cm - 20\,cm}{-20\,cm \cdot 30\,cm} \\
&\approx 0.04583\,cm^{-1} \iff \\
f &\approx 21.82\,cm.
\end{aligned}
$$

b) Wenn das Licht von rechts kommt, so drehen sich gemäß der Vorzeichenregeln die Vorzeichen der Radien um und die Linsenschleiferformel hat nun die Form

Brennweite

$$\frac{1}{f} = (n-1)\left(\frac{1}{R_2} - \frac{1}{R_1}\right)$$

$$= (1.55 - 1)\left(\frac{1}{30\,cm} - \frac{1}{-20\,cm}\right)$$

$$= 0.55 \cdot \frac{-20\,cm - 30\,cm}{-30\,cm \cdot 20\,cm}$$

$$\approx 0.04583\,cm^{-1} \Longleftrightarrow$$

$$f \approx 21.82\,cm.$$

c) Aus der Abbildungsgleichung ergibt sich der Ort des Gegenstands

$$\frac{1}{f} = \frac{1}{a'} - \frac{1}{a} \Longleftrightarrow a = \frac{f\,a'}{f - a'} = \frac{21.82\,cm \cdot 40\,cm}{21.82\,cm - 40\,cm} \approx -48\,cm.$$

d) Aus der Abbildungsgleichung folgt die Bildentfernung

$$\frac{1}{f} = \frac{1}{a'} - \frac{1}{a} \Longleftrightarrow a' = \frac{a\,f}{a + f} = \frac{-16\,cm \cdot 21.82\,cm}{-16\,cm + 21.82\,cm} \approx -60\,cm.$$

Das Bild ist somit virtuell.

Als eine Folgerung aus dem Prinzip von Fermat ergibt sich das

REZIPROZITÄTSPRINZIP:

> *In der geometrischen Optik ist der Strahlengang umkehrbar.*

MÖGLICHE ANWENDUNGEN VON SAMMELLINSEN:

- $a > f$: Lupen arbeiten innerhalb dieses Bereichs. Das Bild ist vergrößert, aufrecht und virtuell.

- $2f < a < f$: Dia- und Overheadprojektoren arbeiten innerhalb dieses Bereichs. Das Bild ist vergrößert, umgekehrt und reell.

- $a < 2f$: Fernrohre arbeiten innerhalb dieses Bereichs. Das Bild ist verkleinert, umgekehrt und reell.

In folgender Tabelle sind wichtige Daten im Zusammenhang mit Abbildungen an dünnen symmetrischen Linsen übersichtlich zusammengefaßt. Dies erleichtert Ihnen die zukünftige Arbeit.

		BILD			VORZEICHEN	
Linsentyp	Position des Objekts	Ort	Art	Orientierung	von f	von β
Sammellinse	innerhalb von f	links von f	virtuell	$\Uparrow$	$+$	$+$
Sammellinse	wischen f und $2f$	rechts von $2f'$	reell	$\Uparrow$	$+$	$+$
Sammellinse	in $2f$	in $2f'$	reell	$\Downarrow$	$+$	$-$
Sammellinse	außerhalb von $2f$	zwischen f' und $2f'$	reell	$\Downarrow$	$+$	$-$
Zerstreuungslinse	beliebig	links	virtuell	$\Uparrow$	$-$	$-$

Tabelle 15: Abbildungen an dünnen symmetrischen Linsen

4 Wellenoptik

4.1 Einleitung in die Wellenoptik

Scheint des nachts Mondlicht durch ein Fenster, so entsteht ein sehr heller, einem Rechteck ähnlichem Fleck auf dem Boden oder auf der dem Fenster gegenüberliegenden Wand. Das ist der Bereich, auf dem die durch das Fenster kommenden Lichtstrahlen auf den Boden oder die Wand treffen. Wir haben aber alle auch beobachtet, daß um diese Rechteck herum ein heller Bereich zu sehen ist, der keinen direkten Sichtkontakt zum Mond hat. Die Helligkeit dieses Bereichs nimmt mit zunehmenden Abstand vom hellen Rechteck ab.

Licht kommt also auch an Punkten an, die von einem Lichtstrahl der geometrischen Optik nicht erreicht werden können. Diese Erscheinung heißt Beugung des Lichts und sie kann nicht mit der geometrischen Optik erklärt werden.

Fällt ein (weißer) Lichtstrahl auf eine Seite eines Prismas, so beobachten wir, daß an einer anderen Seite des Prismas, in gewissen Abständen zueinander, bunte Lichtstrahlen austreten. Hierdurch ist ist ersichtlich, daß die Brechzahl frequenzabhängig ist.

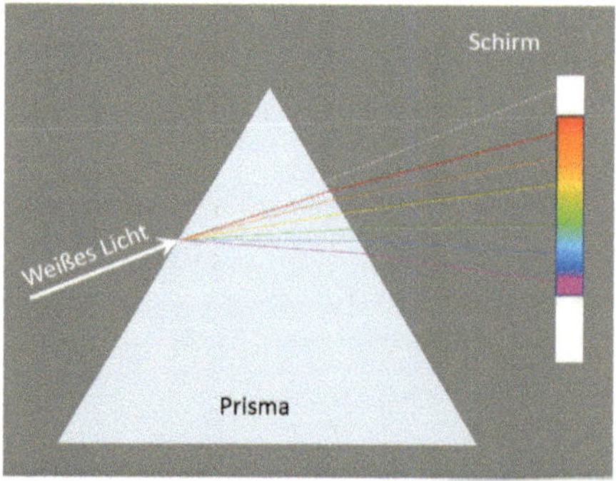

Abbildung 53: Farbaufspaltung an einem Prisma.

Nur ein kleiner Teilbereich der elektromagnetischen Stahlung ist für den Menschen sichtbar. Dieser als Licht bezeichnete Bereich erstreckt sich zwischen etwa $380\,nm$ bis $780\,nm$, bzw $789\,THz$ bis $385\,THz$. Der Bereich darunter wird Ultraviolettstrahlung und der Bereich darüber wird Infrarotstrahlung genannt (vgl Abb 35).

Viele Erscheinungen der Optik, wie zB Beugung, Farbspektren und Interferenz, können mit der geometrischen Optik nicht erklärt werden, wohl aber mit der im Folgenden behandelten Wellenoptik.

4.2 Die Wellengleichung

Huygens veröffentlichte im Jahr 1678 eine Wellentheorie des Lichts. Er benutzte dabei sogenannte Elementarwellen. Um 1860 entwickelte Maxwell die nach ihm benannten Maxwell-Gleichungen. Diese bilden heute die theoretische Grundlage der Elektrodynamik und der Optik. Spielt die Vektornatur der elektromagnetischen Felder keine Rolle, so reduziert sich die elektromagnetische Optik auf die Wellenoptik. Um die Erscheinungen der Polarisation erklären zu können, muß jedoch der Vektorcharakter des Lichts verwendet werden.

Die Wellenoptik basiert auf folgenden

POSTULATEN DER WELLENOPTIK:

- *Licht breitet sich als Welle aus.*

- *Optische Medien werden durch eine Funktion $n \geq 1$ charakterisiert, den Brechungsindex.*

- *In einem Medium mit dem Brechungsindex n bewegt sich die Lichtwelle mit einer verringerten Geschwindigkeit $c = c_0/n$, wobei c_0 die Lichtgeschwindigkeit im Vakuum bezeichnet.*

> • *Mathematisch wird eine optische Welle durch eine reelle oder auch*
> *komplexe Funktion $u(r,t)$ des Ortes $r = (x,y,z)$ und der Zeit t*
> *beschrieben. Diese Funktion heißt Wellenfunktion und sie genügt*
> *der Wellengleichung*
>
> $$\Delta u = \frac{1}{c^2}\frac{\partial^2 u}{\partial t^2},$$
>
> *mit dem Laplaceoperator $\Delta = \partial^2/\partial x^2 + \partial^2/\partial y^2 + \partial^2/\partial z^2$.*

Die Wellengleichung ist näherungsweise auch auf Medien anwendbar, deren Brechungsindex auch vom Ort r abhängt, solange dessen Veränderung innerhalb einer Wellenlänge der betrachteten Strahlung nur gering ist. Medien, bei denen dies der Fall ist, werden als lokal homogen bezeichnet. Die Wellengleichung ist eine lineare DGL, somit gilt folgendes

SUPERPOSITIONSPRINZIP:

> *Sind u_1 und u_2 zwei Lösungen der Wellengleichung, dann ist auch jede*
> *Linearkombination*
>
> $$u(r,t) = \alpha_1 u_1(r,t) + \alpha_2 u_2(r,t)$$
>
> *mit Konstanten $\alpha_1, \alpha_2 \in \mathbb{C}$ eine Lösung der Wellengleichung.*

Wird der Lösungsansatz

$$U(r,t) = u(r)\,e^{2\pi i \nu t},$$

mit der Frequenz ν und der Zeit t, in die Wellengleichung eingesetzt, so ergibt sich für die komplexe Amplitude $u(r)$ die Helmholtzgleichung

$$\Delta u + \kappa^2 u = 0,$$

mit der Wellenzahl $\kappa = 2\pi\nu/c = \omega/c$.

Die einfachsten Lösungen der Wellengleichung in einem homogenen Medium sind ebene Wellen und Kugelwellen.

> *Eine ebene Welle hat die komplexe Amplitude*
>
> $$U(r,t) = A\,e^{-i\,(\vec{\kappa}\cdot\vec{r}-\omega\,t)} = A\,\left(\cos(\vec{\kappa}\cdot\vec{r}-\omega\,t) - i\,\sin(\vec{\kappa}\cdot\vec{r}-\omega\,t)\right),$$
>
> *wobei die Konstante A die komplexe Einhüllende, $\vec{\kappa} = (\kappa_x, \kappa_y, \kappa_z)^T$ Wellenvektor und $\omega = 2\pi\nu$ Kreisfrequenz heißen. ν bezeichnet die Frequenz. Es gilt $\kappa_x^2 + \kappa_y^2 + \kappa_z^2 = \kappa^2$, dh, der Betrag des Wellenvektors ist die Wellenzahl κ. Die Wellenfronten sind Flächen konstanter Phase, für die $\vec{\kappa}\cdot\vec{r} = 2\pi\,q + arg(A)$ mit ganzzahligem q gilt. Diese Gleichung beschreibt parallele Ebenen, die senkrecht auf dem Wellenvektor $\vec{\kappa}$ stehen. Aufeinander folgende Ebenen sind durch einen Abstand $\lambda = 2\pi/\kappa$ voneinander getrennt, sodaß $\lambda = c/\nu$ gilt. λ heißt die Wellenlänge und c die Phasengeschwindigkeit.*

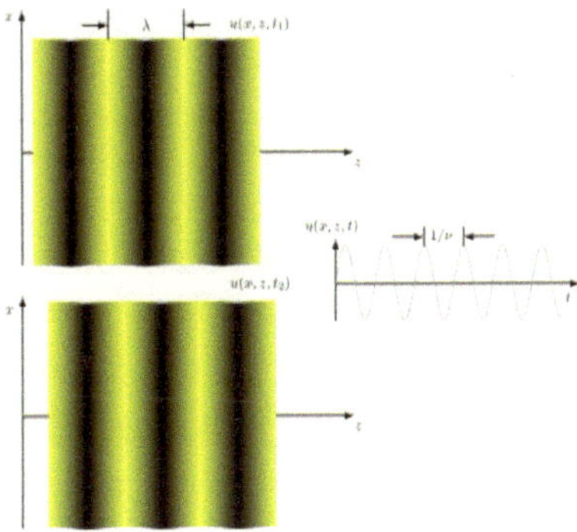

Abbildung 54: Eine ebene Welle, die sich in z-Richtung ausbreitet, ist eine periodische Funktion von z mit der räumlichen Periode λ und eine periodische Funktion von t mit der zeitlichen Periode $1/\nu$.

Eine ebene Welle besitzt eine konstante Intensität $I(r) = |A|^2$. Sie würde damit eine unendliche Energie übertragen, was physikalisch unmöglich ist. Streng betrachtet existieren somit ebene Wellen nach der obigen Definition gar nicht.

Eine Kugelwelle kann aber in großer Entfernung von ihrem Zentrum durch eine ebene Welle angenähert werden, etwa die von der Sonne auf die Erde treffenden Lichtwellen.

KUGELWELLEN:

Kugelwellen haben die Form

$$U(r,t) = A_0 \, \frac{e^{-i\,(\kappa\,|\vec{r}-\vec{r}_0|-\omega\,t)}}{|\vec{r}-\vec{r}_0|},$$

mit einer beliebigen Konstanten A_0, $\omega = 2\pi\nu$ und einem festen Ort $\vec{r}_0 \in \mathbb{R}^3$. Wellenfronten sind Kugelschalen um $\vec{r}_0$, für die $r = q\lambda$ gilt, mit ganzzahligem q. Die Wellenfronten haben einen Abstand von $\lambda = 2\pi/k$ voneinander und sie breiten sich radial mit der Phasengeschwindigkeit c aus.

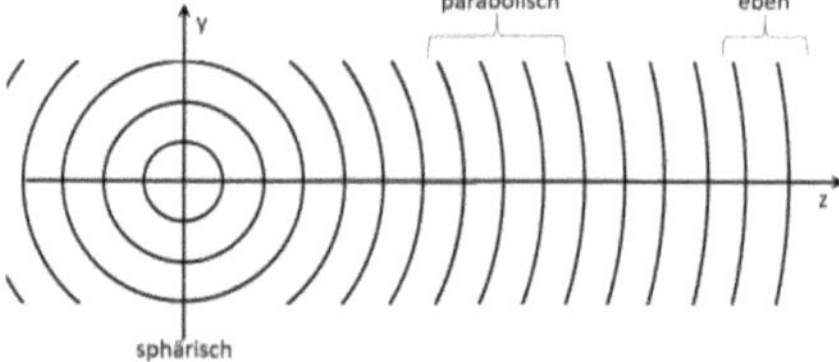

Abbildung 55: Querschnitt der Wellenfronten einer Kugelwelle.

An Orten nahe der z-Achse und bei hinreichend großer Entfernung vom Ursprung kann eine Kugelwelle durch eine Parabolwelle angenähert werden. Für sehr große Entfernungen vom Ursprung kann die Kugelwelle lokal durch eine ebene Welle angenähert werden (vgl Abb 55. Dies kann bei Berechnungen zu großen Vereinfachungen führen.

4.3 Das Huygens'sche Prinzip

Von Huygens wurde im Jahre 1678 die erste Wellentheorie des Lichts veröffentlicht. Er benutzte dabei Kugelwellen und nannte diese Elementarwellen.

> *Jeder Punkt einer Wellenfront ist Ausgangspunkt einer Elementarwelle. Die Wellenfront zu einem späteren Zeitpunkt ergibt sich als Einhüllende aus Überlagerung aller Elementarwellen, die von einer gegebenen Wellenfront ausgehen.*

Mit diesem Prinzip können viele Phänome der Lichtausbreitung beschrieben werden, zB die Beugung und die Brechung. Das heutige Verständnis der Wellenoptik beruht aber auf der um 1860 von Maxwell entwickelten Theorie der Elektrodynamik. Spielt die Vektornatur der elektromagnetischen Felder keine Rolle, so reduziert sich die elektromagnetische Optik auf die Wellenoptik. Um die Erscheinungen der Polarisation erklären zu können, muß jedoch der Vektorcharakter des Lichts verwendet werden.

4.4 Reflexion und Brechung

Fällt eine ebene Welle mit dem Wellenvektor $\vec{\kappa}_1$ auf einen ebenen Schirm, der in der Ebene $z = 0$ liegt, so entsteht eine reflektierte ebene Welle mit dem Wellenvektor $\vec{\kappa}_2$. Die Summe beider Wellen erfüllt die Helmholtzgleichung, falls ihre Wellenzahlen übereinstimmen, dh falls $\kappa_1 = \kappa_2$ gilt. An der Oberfläche des Spiegels müssen wegen der dort zu erfüllenden Randbedingungen die Wellenfronten beider Wellen übereinstimmen, also

$$\vec{\kappa}_1 \cdot \vec{x} = \vec{\kappa}_2 \cdot \vec{x}, \quad \text{für alle} \quad \vec{x} = (x_1, x_2, 0)^T.$$

Wird hier $\vec{x} = (x_1, x_2, 0)^T$, $\vec{\kappa}_1 = (\kappa_0 \sin\theta_1, 0, \kappa_0 \cos\theta_1)$ und $\vec{\kappa}_2 = (\kappa_0 \sin\theta_2, 0, -\kappa_0 \cos\theta_2)$ gesetzt, so folgt

$$\kappa_0\, x_1 \sin\theta_1 = \kappa_0\, x_1 \sin\theta_2$$

und daraus $\theta_1 = \theta_2$.

Somit gilt für die reflektierte Welle das

REFLEXIONSGESTZ:

> *Die einfallende Welle, das Einfallslot und die reflektierte Welle liegen in einer Ebene, der Einfallsebene. Der Reflexionswinkel ist gleich dem Einfallswinkel, dh es gilt*
>
> $$\theta_1 = \theta_2.$$

Nun betrachten wir eine ebene Welle mit dem Wellenvektor $\vec{\kappa}_1$, die auf eine ebene Grenzfläche zweier homogener Medien mit den Brechzahlen n_1 und n_2 fällt. Die Grenzfläche soll in der Ebene $z = 0$ liegen. Von der Grenzfläche gehen eine gebrochene und eine reflektierte ebene Welle mit den Wellenvektoren $\vec{\kappa}_2$ und $\vec{\kappa}_3$ aus. Die Kombination aller drei Wellen erfüllt die Helmholzgleichung im jeweiligen Medium, sofern jede der drei Wellen in ihrem jeweiligen Medium den korrekten Wellenvektor besitzt ($\vec{\kappa}_1 = \vec{\kappa}_3 = n_1 \vec{\kappa}_0$ und $\vec{\kappa}_2 = n_2 \vec{\kappa}_0$). An der Grenzfläche müssen wegen der dort zu erfüllenden Randbedingungen die Wellenfronten beider Wellen übereinstimmen, also

$$\vec{\kappa}_1 \cdot \vec{x} = \vec{\kappa}_2 \cdot \vec{x} = \vec{\kappa}_3 \cdot \vec{x}, \quad \text{für alle} \quad \vec{x} = (x_1, x_2, 0)^T.$$

Da

$$\begin{aligned}
\vec{\kappa}_1 &= (n_1 \kappa_0 \sin\theta_1, 0, n_1 \kappa_0 \cos\theta_1), \\
\vec{\kappa}_3 &= (n_1 \kappa_0 \sin\theta_3, 0, -n_1 \kappa_0 \cos\theta_3) \quad \text{und} \\
\vec{\kappa}_2 &= (n_2 \kappa_0 \sin\theta_2, 0, n_2 \kappa_0 \cos\theta_2)
\end{aligned}$$

gilt, wobei θ_1, θ_2 und θ_3 die Einfalls-, Brechungs- und Reflexionswinkel sind, folgt aus obiger Gleichung

$$\theta_1 = \theta_3 \quad \text{und} \quad n_1 \sin\theta_1 = n_2 \sin\theta_2.$$

Die transmittierte (gebrochene) Welle gehorcht folgendem

Brechungsgestz von Snellius:

> *Die einfallend Welle, das Einfallslot und die transmittierte Welle liegt in*
> *der Einfallsebene. Der Brechungswinkel θ_2 hängt mit dem Einfallswinkel*
> *θ_1 gemäß dem Brechungsgesetz*
>
> $$n_1 \sin\theta_1 = n_2 \sin\theta_2 \iff c_2 \sin\theta_1 = c_1 \sin\theta_2$$
>
> *zusammen.*

4.5 Interferenz

Um Beugungserscheinungen erklären zu können, wird zunächst der Begriff der Kohärenz erklärt. Dazu betrachten wir zwei Sinusschwingungen, der Einfachheit halber mit der Amplitude $A = 1$, und einer Phasendifferenz von $\Delta\phi = \phi_1 - \phi_2$, also

$$u_1(t) = \sin(\omega t + \phi_1) \quad \text{und} \quad u_2(t) = \sin(\omega t + \phi_2).$$

Die Phasendifferenz kann zeitlich konstant sein, wie in Abb 56 links, oder sie kann zeitlich variieren, wie in Abb 56 rechts.

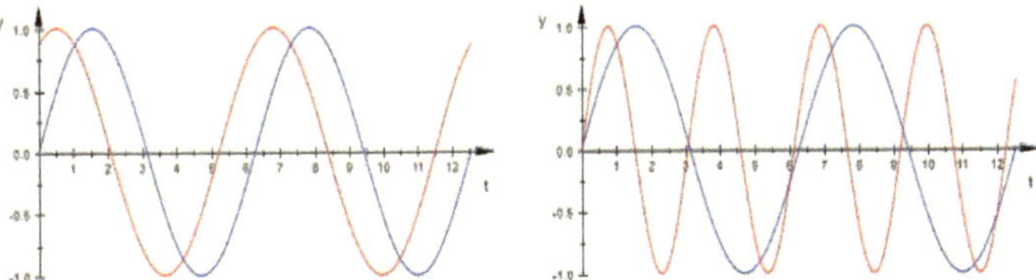

Abbildung 56: Links: Zwei Wellen mit zeitlich konstanter Phasenverschiebung mit der Phasendifferenz $\Delta\phi = \pi/3$, dh daß das Interferenzbild zeitlich stabil ist. Rechts: Zwei Wellen mit zeitlich nicht-konstanter Phasenverschiebung mit einer Phasendifferenz $\Delta\phi = \phi(t)$, dh daß das Interferenzbild zeitlich nicht konstant ist.

Gibt es keine zeitliche und räumliche stabile Überlagerung, so ist das Interferenzbild nicht stabil (vgl Abb 56, rechte Abb, und Abb 57, linke Abb).

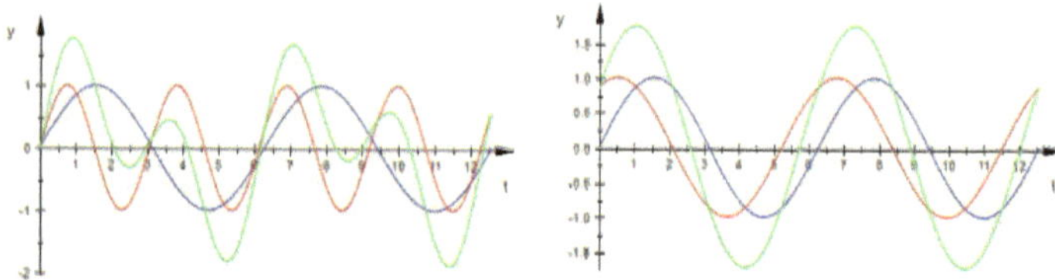

Abbildung 57: Links: Zwei Wellen mit zeitlich nicht-konstanter Phasenverschiebung mit einer Phasendifferenz $\Delta\phi = \phi(t)$ sowie deren Überlagerung ($\rightarrow$ Interferenzbild). Rechts: Zwei Wellen mit zeitlich konstanter Phasenverschiebung mit der Phasendifferenz $\Delta\phi = \pi/3$ sowie deren Überlagerung.

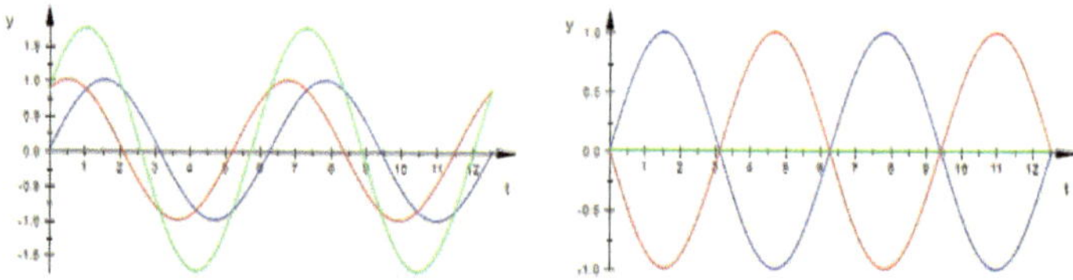

Abbildung 58: Links: Zwei Wellen mit zeitlich konstanter Phasenverschiebung mit der Phasendifferenz $\Delta\phi = \pi/3$ sowie deren Überlagerung. Rechts: Zwei Wellen mit zeitlich konstanter Phasenverschiebung mit der Phasendifferenz $\Delta\phi = \pi$ sowie deren Überlagerung.

Bei einer zeitlich konstanten Phasendifferenz von $\Delta\phi = (k+1/2)\cdot\pi \simeq (k+1/2)\cdot 180°$, mit $k \in \mathbb{N}$, kommt es zur konstruktiven Interferenz, dh die resultierenden Welle ergibt sich durch phasengerechte Addition der beiden (komplexen) Amplituden der interferierenden Wellen (vgl Abb 58, linke Abb). Bei einer zeitlich konstanten Phasendifferenz von $\Delta\phi = k\cdot\pi \simeq k\cdot 180°$, mit $k \in \mathbb{N}$, kommt es zur destruktiven Interferenz, dh die resultierende Welle ist gleich Null, falls die Amplituden gleich sind (vgl Abb 58, rechte Abb). Bei der Überlagerung von Wellen kann es zu zeitlicher und räumlicher Interferenz kommen. Dies wurde zuerst von Young[24] im Jahre 1801 beobachtet.

INTERFERENZ:

> *Interferenz ist die phasengerechte Addition der (komplexen) Amplituden der sich überlagernden kohärenten Wellen. Hierbei kann es zur konstruktiven Interferenz oder zur destruktiven Interferenz kommen.*

Beispiele: *a) Das weiße Licht einer Glühbirne besteht aus sehr vielen Lichtwellen unterschiedlicher Wellenlängen. In Glühbirnen werden von den dortigen Atomen jeweils für wenige ps Lichtwellen emittiert, diese sind nicht kohärent.*

b) Sonnenlicht ist ebenfalls nicht kohärent.

c) Von Lasern ausgesandtes Licht unterscheidet sich von anderen Lichtquellen unter anderem dadurch, daß es kohärent ist, daß die emittierten Lichtwellen also dieselbe Phase haben. Die Emissionsart wird durch elektromagnetische Wellen hervorgerufen, die Elektronen aus dem Leitungsband zur Rekombination mit Löchern aus dem Valenzband zwingen.

4.6 Beugung am Doppelspalt und am Gitter

In Abb 59 ist eine auf einen Doppelspalt von links einfallende ebene Welle zu sehen, die gemäß dem Huygens'schen Prinzip[25] an den beiden Spalten Kugelwellen erzeugt. Diese breiten sich nach rechts aus und treffen auf einen weil entfernten

---

[24]Thomas YOUNG, 13.06.1773 - 10.05.1829, brit. Universalgelehrter und Arzt
[25]Christiaan HUYGENS 14.04.1629 -8.07.1695, niederl. Astronom, Mathematiker und Physiker

Schirm auf. Die Interferenz ergibt sich aus dem Gangunterschied, also der Differenz ΔL der optischen Wellenlängen bzw der daraus resultierenden Phasendifferenz $\Delta\phi$:

$$\Delta L = g \sin\vartheta \Longleftrightarrow \Delta\phi = \frac{2\pi}{\lambda} g \sin\vartheta.$$

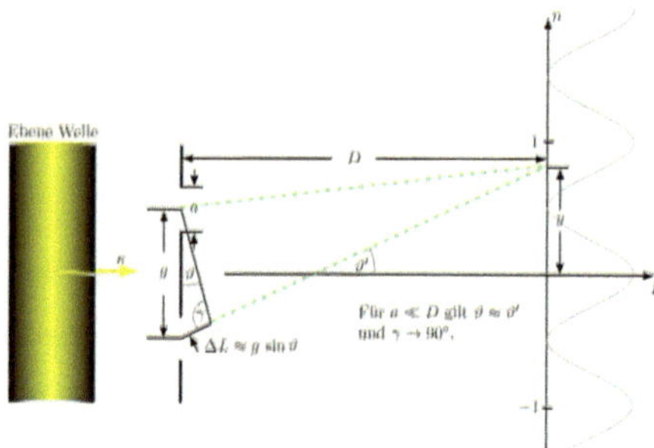

Abbildung 59: Beugung von monochromatischen, kohärenten Wellen am unendlich dünnen Doppelspalt.

Die Beugungsintensität am Doppelspalt ergibt sich zu

$$I(\vartheta) = 2^2 \, I_e \, \cos^2\left(\frac{g\,\pi}{\lambda}\sin\vartheta\right).$$

Es tritt konstruktive Interferenz (Maxima der Intensität) auf bei

$$\sin\vartheta_n = \frac{n\,\lambda}{g},\; n = 0, \pm 1, \pm 2, \ldots,$$

und destruktive Interferenz (Minima der Intensität) bei

$$\sin\vartheta_n = \left(n + \frac{1}{2}\right)\frac{\lambda}{g},\; n = 0, \pm 1, \pm 2, \ldots.$$

Selbsttest: *Betrachten Sie nachfolgende Gleichung und überlegen Sie, wieviele Punkte es bei gegebenen festen Werten λ und g geben kann, in denen eine konstruktive Interferenz (Maxima der Intensität) auftreten kann:*

$$\sin\vartheta_n = \frac{n\,\lambda}{g},\; n = 0, \pm 1, \pm 2, \ldots.$$

Antwort: *Es kann nur endlich viele solcher Werte n geben, denn*

$$\sin \vartheta_n = \frac{n\,\lambda}{g} \iff n = \frac{g}{\lambda}\,\sin \vartheta_n,$$

und somit gilt

$$|n| \leq \frac{g}{\lambda}.$$

Beispiel 1: *Zwei Spalte im Abstand $g = 0.1\,mm$ sind in einem Abstand $D = 1.2\,m$ vom Schirm entfernt. Es fällt monochromatisches Licht der Wellenlänge $\lambda = 500\,nm$ durch die Spalte (vgl Abb 59). Wie weit sind die Interferenzstreifen auf dem Schirm näherungsweise von einander entfernt?*

Rechnung: *Rechne zunächst alle Längen in m um:*

$$g = 1 \cdot 10^{-4}\,m \; und \; D = 1.2\,m \; und \; \lambda = 500 \cdot 10^{-9}\,m.$$

Damit entsteht der Streifen erste Ordnung ($n = 1$) bei einem Winkel, der durch

$$\sin \vartheta_1 = \frac{1\,\lambda}{g} = \frac{500\,10^{-9}\,m}{10^{-4}\,m} = 5 \cdot 10^{-3}$$

gegeben ist. Hieraus folgt $\vartheta_1 \approx 5 \cdot 10^{-3}$ und damit ergibt sich der Abstand $y_1 = D \cdot \vartheta_1 \approx 6\,mm$ oberhalb der Mitte.

Der Streifen zweiter Ordnung ($n = 2$) liegt bei einem Winkel, der durch

$$\sin \vartheta_2 = \frac{2\,\lambda}{g} = \frac{2 \cdot 500\,10^{-9}\,m}{10^{-4}\,m} = 10 \cdot 10^{-3}$$

gegeben ist, woraus $\vartheta_2 \approx 10 \cdot 10^{-3}$ folgt. Damit ergibt sich der Abstand $y_2 = D \cdot \vartheta_2 \approx 12\,mm$ oberhalb der Mitte. Die Streifen niedriger Ordnung sind also etwa $6\,mm$ voneinander entfernt.

Beispiel 2: *Zwei Spalte im Abstand $g = 0.1\,mm$ sind in einem Abstand $D = 5\,m$ vom Schirm entfernt. Es fällt rotes Laserlicht durch die Spalte. Für $n = 3$ liegt der Interferenzstreifen dritter Ordnung in einem Abstand von etwa $y = 10\,cm$ oberhalb der Mittellinie. Berechne die Wellenlänge des Lichts.*

Rechnung: *Rechne zunächst alle Längen in m um:*

$$g = 1 \cdot 10^{-4}\,m, \; y = 0.1\,m \; und \; D = 5\,m.$$

Damit folgt für die Wellenlänge (beachte $\sin \vartheta \approx \vartheta$*)*

$$\lambda \approx \frac{\vartheta \cdot g}{n} \approx \frac{y\,g}{D\,n} = \frac{0.1\,m \cdot 10^{-4}\,m}{5 \cdot 3\,m} \approx 667 \cdot 10^{-9}\,m.$$

Die Wellenlänge des roten Laserlichts beträgt somit rund $667\,nm$.

Ein optisches Gitter besteht aus vielen Spalten, oft mit $N \approx 1000$ Spalten pro cm, mit dem Spaltabstand g und der Spaltbreite a. Konstruktive Interferenz (Maxima der Intensität) tritt weiterhin auf bei

$$\boxed{\sin \vartheta_n = \frac{n}{g}\,\lambda, \; n = 0, \pm 1, \pm 2, \dots .}$$

Der Abstand g wird auch Gitterkonstante genannt. Zwischen den Hauptmaxima verteilen sich die Beugungsintensitäten jedoch anders als beim Doppelspalt, da bei diesen Richtungen jeweils viele unterschiedliche Phasen auftreten, die zur destruktiven Interferenz führen (vgl Abb 60). Die Winkel ϑ_n sind von der Wellenlänge λ abhängig.

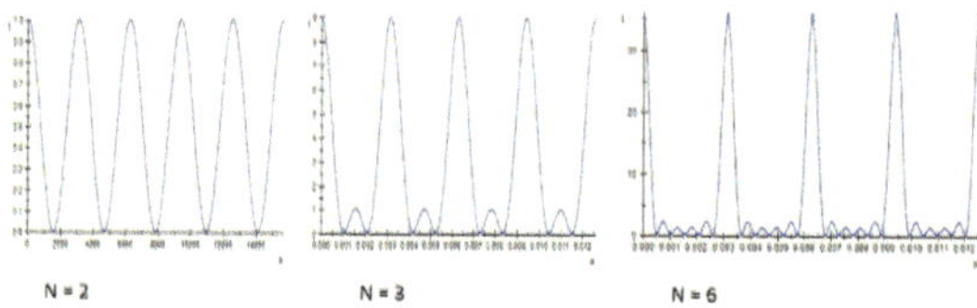

Abbildung 60: Verteilung der Beugungsintensität eines Gitters für verschiedene N.

Beispiel 3: *Wenn Tageslicht auf eine CD fällt, so wirken die Vertiefungen der CD wie ein optisches Gitter. Das einfallende weiße Licht wird in seine Interferenzfarben aufgelöst. Es entsteht eine Spektralzerlegung des Lichts.*

Experiment: *In einem Abstand* $h = 38\,cm$ *wird eine auf einem Tisch liegende CD senkrecht von oben mit einer Schreibtischlampe beleuchtet. In gleicher Höhe, aber im Abstand* $s \approx 20\,cm$ *zur Lampe, schauen wir auf das Interferenzmuster der CD, und zwar so, daß am inneren Rand der CD das rote Ende des Spektrums zu sehen* *ist. Der Abstand vom Mittelpunkt der CD bis zum Beginn des roten Bereichs beträgt etwa $d = 2.2\,cm$. Für den Winkel ϑ gilt dann $\tan\alpha = (s - d)/h$. Rotes Licht hat eine Wellenlänge von $\lambda \approx 650\,nm$. Damit ergibt sich (für $n = 1$)*

$$\sin\vartheta = \frac{n}{g}\lambda \Longleftrightarrow$$

$$g = \frac{\lambda}{\sin\left(\arctan\left(\frac{s-d}{h}\right)\right)} = \frac{650 \cdot 10^{-9}\,m}{\sin\left(\arctan\left(\frac{20\,cm-2.2\,cm}{38\,cm}\right)\right)} \approx 1.53\,\mu m.$$

Der wirkliche Spurabstand beträgt $g = 1.6\,\mu m$.

4.7 Interferenz an dünnen Schichten

Ihr erstes bewußtes Zusammentreffen mit Interferenz an dünnen Schichten hatten Sie, als Sie als Kind mit Seifenblasen gespielt haben. Da haben Sie die schillernden bunten Farben auf der Seifenblase gesehen. Ebenfalls kennen Sie die schillernden Farben von Ölflecken auf Wasseroberflächen. Die verschiedenen Farben entstehen dadurch, daß sich bei unterschiedlicher Schichtdicke die Lichtwellen bei bestimmten Wellenlängen auslöschen oder verstärken.

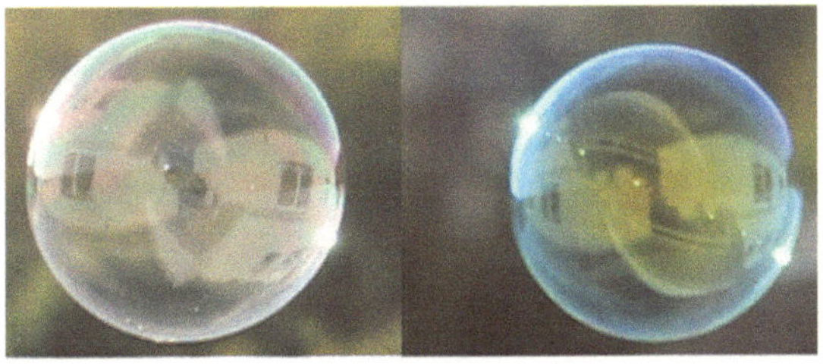

Abbildung 61: Interferenz an Seifenblasen.

Auf eine dünne Schicht einfallendes Licht wird im Punkt A zum Teil reflektiert (Strahl 1) und zu einem anderen Teil gebrochen (Strahl 2), vgl Abb 62. Der zum Lot hin gebrochene Strahl wird an der Unterseite der dünnen Schicht im Punkt B reflektiert (die hier ebenfalls auftretende Brechung wird im Folgenden nicht betrachtet) und

145

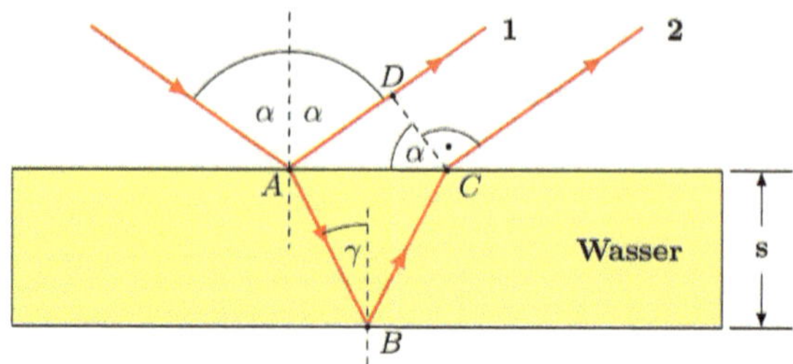

Abbildung 62: Dünne von Luft umgebene Wasserschicht mit einfallendem, reflektiertem und transmittiertem Lichtstrahl, $n_L < n_W$.

dann an der Oberseite im Punkt C vom Lot weggebrochen. Anschließend interferieren die beiden Strahlen 1 und 2. Hierbei tritt ein optischer Gangunterschied

$$\Delta L = 2\,n_W \cdot \overline{AB} - n_L\,\overline{AD} = 2\,s\,\sqrt{n_W^2 - n_L^2\,\sin^2\alpha}$$

zwischen den beiden Strahlen auf. In der letzten Umformung wurde zur Vereinfachung der Brechungsindex von Luft $n_L = 1$ gesetzt. n_W bezeichnet den Brechungsindex des Wassers und n_L den der Luft.

Im übernächsten Kap werden wir lernen, daß eine Lichtwelle bei einer Reflexion an einem optisch dichteren Medium einen Phasensprung von $180°$ bzw π erfährt. Dies ist bei der Berechnung von Interferenz an dünnen Schichten zu beachten. Deswegen muß die obige Formel ergänzt werden zu

$$\Delta L = 2\,s\,\sqrt{n_W^2 - n_L^2\,\sin^2\alpha} - \frac{\lambda}{2}.$$

Mit der in Kap 4.6 für den Gangunterschied erhaltenen Formel $\Delta L = n \cdot \lambda$ ergibt sich hieraus die Formel für

KONSTRUKTIVE INTERFERENZ AN EINER DÜNNEN SCHICHT:

$$2\,s\,\sqrt{n_W^2 - n_L^2\,\sin^2\alpha} = \left(n + \frac{1}{2}\right) \cdot \lambda, \ n = 0, \pm 1, \pm 2, \ldots.$$

sowie die Formel für

$$2\,s\,\sqrt{n_W^2 - n_L^2\,\sin^2\alpha} = (n+1)\cdot\lambda,\ n = 0,\pm1,\pm2,\ldots.$$

Die variierende Dicke der Haut einer Seifenblase oder auch die einer Ölschicht auf Wasser führt dazu, daß bestimmte Farben (Wellenlängen) maximal verstärkt werden und andere destruktiv interferieren.

Die Bedingung

$$2\,s\,\sqrt{n_W^2 - n_L^2\,\sin^2\alpha} = \left(n+\frac{1}{2}\right)\cdot\lambda,\ n = 0,\pm1,\pm2,\ldots.$$

für konstruktive Interferenz ist bei gegebener Schichtdicke s für genau eine Wellenlänge λ erfüllt. Wird obige Gleichung nach der Schichtdicke umgestellt, so ergibt sich

$$s = \frac{(2n+1)\,\lambda}{4\,\sqrt{n_W^2 - n_L^2\,\sin^2\alpha}}.$$

Insofern ist die Farbe ($\simeq$ Wellenlänge) ein ungefähres Maß für die Schichtdicke.

Bei optischen Instrumenten wie zB Linsen, aber auch bei Brillengläsern, wird die Interferenz von Lichtwellen an optischen Schichten zur „Vergütung", dh zur Entspiegelung oder zur Reflexionsverminderung, ausgenutzt. Hierbei wird auf die Linse eine dünne Schicht eines Materials aufgebracht, dessen Brechungsindex zwischen dem des Linsenmaterials und dem der Luft liegt. Typische Werte liegen bei etwa $n \approx 1.38$. Da hierdurch sowohl an der oberen als auch an der unteren Grenzfläche dieser Schicht ein Phasensprung von π entsteht, tritt keine durch Reflexion hervorgerufene Phasendifferenz auf. Wird die Schichtdicke $= \lambda/(4n)$ gewählt, wobei λ die Vakuumwellenlänge des mittleren sichtbaren Spektrums ist, so tritt bei senkrechtem Lichteinfall wegen des Gangunterschieds von $\lambda/(2n)$ destruktive Interferenz der reflektierten Wellen auf. Vgl hierzu auch das Beispiel in Kap 4.9.

4.8 Dispersion

In der Einleitung zur Wellenoptik wurde an Abb 53 gezeigt, daß weißes Licht, das auf ein Prisma fällt, an einer anderen Seite des Prismas als bunte Lichtstrahlen austritt. Dies wird dadurch hervorgerufen, daß der Brechungsindex frequenzabhängig ist. Das Phänomen der Frequenzabhängigkeit der Brechzahl wird als Dispersion bezeichnet. Die Frequenzabhängigkeit ist stark materialabhängig.

Tritt Licht, welches verschiedene Wellenlängen enthält, von einem in ein anderes optisches Medium ein, so wird jede Wellenlänge wegen der unterschiedlichen Ausbreitungsgeschwindigkeiten unterschiedlich gebrochen. Wird als Ausgangslicht weißes Licht verwendet, so kommt es zu einer Aufspaltung des Lichts in ein kontinuierliches Spektrum. So wird zB blaues Licht stärker gebrochen als rotes Licht. Enthält das Ausgangslicht eine mehr oder weniger große Anzahl diskreter Wellenlängenintervalle, so kommt es zu einem Linienspektrum, welches aus schmalen farbigen Linien besteht.

An einem Gitter tritt Beugung auf, wobei sich das gebeugte Licht überlagert und die Lage der auf einem Schirm erscheinenden Interferenzmaxima frequenzabhängig ist. Das hierbei entstehende Farbspektrum ist ebenfalls ein kontinuierliches Spektrum. Es wird als Gitterspektrum bezeichnet.

Monochromatisches Licht wird am Prisma gebrochen bzw am Gitter gebeugt, aber es kann nicht aufgespalten werden da es ja aus nur einer Wellenlänge besteht.

Eine praktische Anwendung der Dispersion ist die Spektralanalyse. Hierbei wird die Zusammensetzung von Stoffen dadurch analysiert, daß jedes Element ein charakteristisches Linienspektrum aussendet. Dies kann innerhalb der Atomtheorie erklärt werden.

4.9 Phasensprung der Größe π

Wird eine einfallende Lichtwelle an einem optisch dichteren Medium reflektiert, so tritt im Vergleich zur einfallenden Welle ein Phasensprung von $180°$ bzw π auf. Dies hatten wir bereits im Kap 4.7 bei der Reflexion an dünnen Schichten beachtet. Um dieses Phänomen zu erklären, müssen wir ein wenig in die elektromagnetische Optik einsteigen. Einleitend wurde bereits erwähnt, daß die von Maxwell im Jahre 1860 aufgestellten und nach ihm benannten Maxwell-Gleichungen heute die theoretische Grundlage der Elektrodynamik und der Optik bilden.

Die Maxwell-Gleichungen (vgl [8], [9] oder [16]) bestehen aus einem System von gekoppelten partiellen Differentialgleichungen für das

elektrische Feld $\vec{\mathcal{E}} = (E_1, E_2, E_3)^T$ und das

magnetische Feld $\vec{\mathcal{H}} = (H_1, H_2, H_3)^T$.

Dieses System wird ergänzt mit sogenannten Randbedingungen an den Übergängen zwischen unterschiedlichen Medien. Vgl hierzu zB Simonyi [16].

Beim Übergang des einfallenden elektrischen Feldes $\vec{\mathcal{E}}_e$ von einem optischen Medium mit dem Brechungsindex n_1 zu einem zweiten optischen Medium mit dem Brechungsindex n_2 wird das Feld einerseits reflektiert und andererseits gebrochen bzw transmittiert. Das reflektierte Feld werde mit $\vec{\mathcal{E}}_r$ und das transmittierte Feld mit $\vec{\mathcal{E}}_t$ bezeichnet.

Um die Reflexion und Transmission zu untersuchen, werden das einfallende, das reflektierte und das transmittierte Feld zerlegt in zur Einfallsebene parallele Komponenten $\vec{\mathcal{E}}_{ep}$, $\vec{\mathcal{E}}_{rp}$ und $\vec{\mathcal{E}}_{tp}$ sowie in zur Einfallsebene senkrechte Komponenten $\vec{\mathcal{E}}_{es}$, $\vec{\mathcal{E}}_{rs}$ und $\vec{\mathcal{E}}_{ts}$, also

$$\vec{\mathcal{E}}_e = \vec{\mathcal{E}}_{ep} + \vec{\mathcal{E}}_{es}, \quad \vec{\mathcal{E}}_r = \vec{\mathcal{E}}_{rp} + \vec{\mathcal{E}}_{rs} \quad \text{sowie} \quad \vec{\mathcal{E}}_t = \vec{\mathcal{E}}_{tp} + \vec{\mathcal{E}}_{ts}.$$

Die erwähnten Randbedingungen fordern, daß die Tangentialkomponenten des elektrischen und des magnetischen Feldes an den Trennflächen der Medien stetig sein müssen. Wird der Einfallswinkel mit α und der Brechungswinkel mit β bezeichnet, so ergeben sich hieraus die

> *Für die Amplituden der zur Einfallsebene parallelen Komponenten gilt*
>
> $$r_p(\alpha) = \frac{E_{rp}}{E_{ep}} = \frac{n_2 \cos\alpha - n_1 \cos\beta}{n_2 \cos\alpha + n_1 \cos\beta} = \frac{\tan(\alpha - \beta)}{\tan(\alpha + \beta)}$$
>
> *und*
>
> $$t_p(\alpha) = \frac{E_{tp}}{E_{ep}} = \frac{2\,n_1 \cos\alpha}{n_2 \cos\alpha + n_1 \cos\beta} = \frac{2 \cos\alpha \sin\beta}{\sin(\alpha + \beta) \cos(\alpha - \beta)}.$$

> *Für die Amplituden der zur Einfallsebene senkrechten Komponenten gilt*
>
> $$r_s(\alpha) = \frac{E_{rs}}{E_{es}} = \frac{n_1 \cos\alpha - n_2 \cos\beta}{n_1 \cos\alpha + n_2 \cos\beta} = -\frac{\sin(\alpha - \beta)}{\sin(\alpha + \beta)}$$
>
> *und*
>
> $$t_s(\alpha) = \frac{E_{ts}}{E_{es}} = \frac{2\,n_1 \cos\alpha}{n_1 \cos\alpha + n_2 \cos\beta} = \frac{2 \cos\alpha \sin\beta}{\sin(\alpha + \beta)}.$$

Vgl hierzu zB Jaworski + Detlaf [8] oder Simonyi [16].

Bei senkrechtem Lichteinfall gilt $\alpha = 0$ und $\beta = 0$ und damit

$$t_s(0) = \frac{E_{ts}}{E_{es}} = \frac{2\,n_1}{n_1 + n_2} \quad \text{und} \quad r_s(0) = \frac{E_{rs}}{E_{es}} = \frac{n_1 - n_2}{n_1 + n_2}.$$

In den Fresnel'schen Formeln tritt sowohl der Einfallswinkel α als auch der Reflexionswinkel β auf. Mit Hilfe der trigonometrischen Umformung $\cos\beta = \sqrt{1 - \sin^2\beta}$ sowie dem Brechungsgesetz von Snellius können die β-Terme durch α-Terme ausgedrückt werden. Dies ergibt dann folgende alternative Schreibweise der

FRESNEL'SCHEN FORMELN:

> $$r_p(\alpha) = \frac{E_{rp}}{E_{ep}} = \frac{n_2^2 \cos\alpha - n_1 \sqrt{n_2^2 - n_1^2 \sin^2\alpha}}{n_2^2 \cos\alpha + n_1 \sqrt{n_2^2 - n_1^2 \sin^2\alpha}}$$
>
> *und*
>
> $$t_p(\alpha) = \frac{E_{tp}}{E_{ep}} = \frac{2\,n_1\,n_2 \cos\alpha}{n_2^2 \cos\alpha + n_1 \sqrt{n_2^2 - n_1^2 \sin^2\alpha}}.$$

---

[26] Augustin Jean FRESNEL, 10.05.1788 - 14.07.1827, franz. Physiker und Ingenieur

Für den Übergang „Luft - Glas" mit $n_L = 1.0003$ und $n_G = 1.5$ ergibt sich

$$r_s = \frac{E_{rs}}{E_{es}} = \frac{1.0003 - 1.5}{1.0003 + 1.5} \approx -0.2 = 0.2\, e^{i\pi} \iff \boxed{E_r = 0.2\, e^{i\pi}\, E_e.}$$

Es entsteht hier also ein Phasensprung von $180°$ bzw von π.

Beachte: $e^{i\pi} = \cos\pi + i\sin\pi = -1 + i\,0 = -1$.

Dahingegen gilt beim Übergang „Glas - Luft" mit $n_G = 1.5$ und $n_L = 1.0003$

$$r_s = \frac{E_{rs}}{E_{es}} = \frac{1.5 - 1.0003}{1.5 + 1.0003} \approx 0.2 \iff \boxed{E_r = 0.2\, e^{i0}\, E_e.}$$

Es entsteht hier also kein Phasensprung.

Die vom Winkel α abhängigen Amplitudenverhältnisse sind in Abb 63 für positive Winkel (im Bogenmaß) gezeichnet.

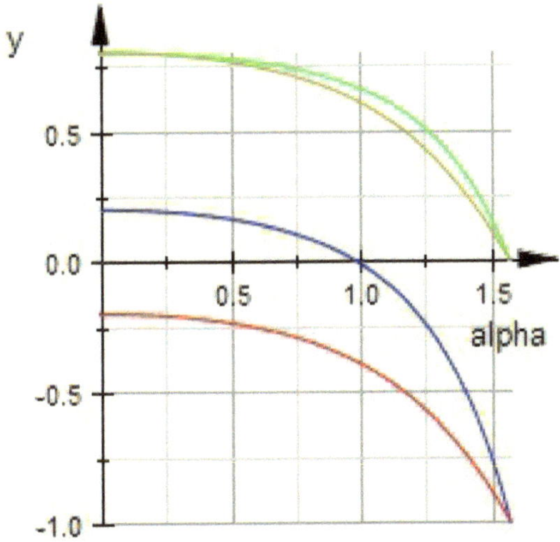

Abbildung 63: Amplitudenverhältnisse r_p, r_s, t_p, t_s für den Übergang „Luft - Glas" mit $n_L = 1.0003$ und Glas $n_G = 1.5$.

Aus dem Kurvenverlauf der Funktion $r_p(\alpha) = \frac{E_{rp}}{E_{ep}}(\alpha)$ (vgl Abb 63 sowie die Formeln von Fresnel) ist ersichtlich, daß r_p bei $\alpha \approx 1$ eine Nullstelle hat. Dieser Grenzwinkel für den Übergang „Luft - Glas mit den Brechzahlen $n_L = 1.0003$ und $n_G = 1.5$ ergibt sich zu

$$\alpha_B = \arctan\left(\frac{n_G}{n_L}\right) \approx 56.3° \simeq 0.983.$$

Der Winkel α_B heißt Brewster-Winkel[27] oder auch Polarisationswinkel. Der Brewster-Winkel ist brechzahlabhängig. In Abb 64 ist dies für den Übergang „Vakuum-Glas" verdeutlicht.

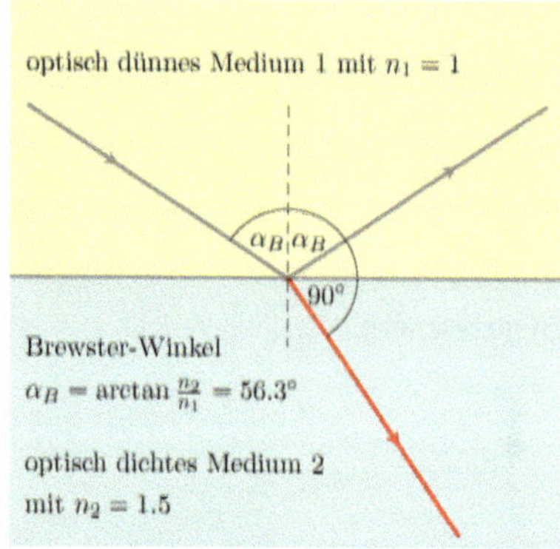

Abbildung 64: Brewster-Winkel α_B und 90°-Winkel zwischen reflektiertem und transmittiertem Strahl.

Dieser von Brewster entdeckte Zusammenhang kann zusammengefaßt werden zu folgendem

GESETZ VON BREWSTER:

> *Fällt eine einfallende Lichtwelle von einem Medium mit der Brechzahl n_1 in ein Medium mit der Brechzahl $n_2 > n_1$ unter dem Brewster-Winkel $\alpha_B = \arctan\left(\frac{n_2}{n_1}\right)$ an der Grenzfläche ein, so bilden die reflektierte und die gebrochene Welle einen Winkel von $90°$, dh es gilt $\alpha + \beta = 90°$. Ferner ist die reflektierte Welle linear polarisiert.*

Ferner gilt für den

---

[27]David BREWSTER, 11.12.1781 - 10.02.1868, schottischer Physiker

> *Wird eine einfallende Lichtwelle an einem optisch dichteren Medium reflektiert, so weist die reflektierte Welle im Vergleich zur einfallenden Welle einen Phasensprung von $180°$ bzw π auf. Die transmittierte Welle weist keinen Phasensprung auf.*

Aus den obigen Gleichungen ist ersichtlich, daß sich bei senkrechtem Lichteinfall für den Übergang „Luft - Glas" der Reflexionsgrad

$$R = \left(\frac{E_r}{E_e}\right)^2 = \left(\frac{1.0003 - 1.5}{1.0003 + 1.5}\right)^2 \approx 0.04$$

ergibt. Der Transmissionsgrad T ergibt sich aus der Energieflußbilanz $R + T = 1$ zu $T \approx 0.96$. Es werden also rund $4\,\%$ des einfallenden Lichts reflektiert und rund $96\,\%$ des Lichts dringt in das Glas ein. Bei optischen Linsen wird durch Oberflächenvergütung versucht, den reflektierten Anteil zu minimieren, um dadurch mehr Licht durch die Linse kommen zu lassen (lichtstarke Objektive).

Reflexions- und Transmissionsgrad sind winkelabhängig. Dies ist in Abb 65 gezeigt.

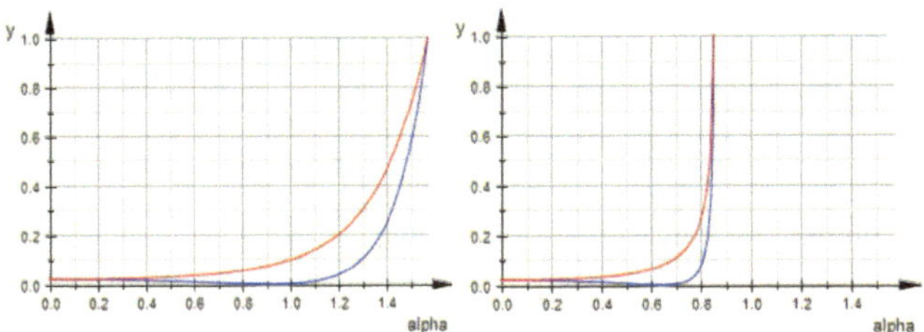

Abbildung 65: Reflexionsgrad bei Polarisation senkrecht R_s bzw parallel R_p zur Einfallsebene. Mit Luft $n_L = 1.0003$ und Wasser $n_W = 1.33$. Links beim Übergang vom „optisch dünneren zum dichteren Medium" mit Brewster-Winkel $\alpha_B \approx 0.93 \simeq 53.1°$, rechts vom „optisch dichteren zum dünneren Medium" mit Brewster-Winkel $\alpha_B \approx 0.64 \simeq 36.9°$ sowie mit dem Winkel der Totalreflexion bei $\alpha_T \approx 0.85 \simeq 48.77°$.

Die Amplitudenverhältnisse r_p und r_s für den Übergang vom „optisch dichteren zum dünneren Medium" („Wasser-Luft", mit $n_L = 1.0003$ und Wasser $n_W = 1.33$) sind in

Abb 66 gezeigt. Hier ist zu sehen, daß r_s für den Winkelbereich bis zur Totalreflexion positiv ist und somit keinen Phasensprung aufweist. Dahingegen ist r_p im Winkelbereich bis zum Brewster-Winkel negativ und weist somit dort einen Phasensprung von $180°$ bzw π auf.

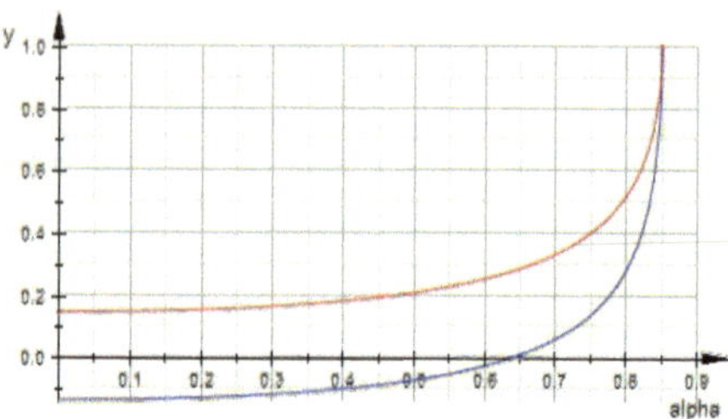

Abbildung 66: Amplitudenverhältnisse r_p, r_s für den Übergang vom „optisch dichteren zum dünneren Medium" („Wasser-Luft", mit $n_L = 1.0003$ und Wasser $n_W = 1.33$). r_p weist einen Phasensprung auf bis zum Brewster- Winkel α_B und r_s weist keinen Phasensprung auf bis zum kritischen Winkel α_T der Totalreflexion.

Die Totalreflexion beim Übergang „Wasser-Luft" besagt anschaulich, daß man nur eine Spiegelung des Seegrundes sieht, wenn man von unter Wasser aus unter solchen Winkeln (zum Lot) auf eine Wasseroberfläche schaut. Nur für kleine Winkel (zum Lot) kann man aus dem Wasser heraus die Umgebung sehen.

Sieht man umgekehrt von außen auf die Seeoberfläche, so ist für kleine Winkel zum Lot, also wenn man nahezu senkrecht auf die Oberfläche schaut, die Reflexion klein. In diesem Fall ist der Seegrund gut zu erkennen. Für große Winkel zum Lot, also bei flachem Blick auf die Wasseroberfläche, ist dagegen die Reflexion groß, und man sieht fast nur ein Spiegelbild der Umgebung.

Beispiel: *Eine dünne Schicht habe die Dicke L und den Brechungsindex n_B. Die Brechzahlen seien für Luft n_L und für Glas n_G. Es gelte $n_L < n_B < n_G$ (vgl Abb 67). Die Lichtwelle falle nahezu senkrecht auf die dünne Schicht auf und werde teils reflektiert zum Strahl 1 und teils in die Beschichtung hineingebrochen. Der reflektierte Strahl 1 erleidet dabei einen Phasensprung der Größe π. Der gebrochene Strahl wird beim Übergang „Beschichtung - Glas" teils reflektiert, wobei ein Phasensprung* *der Größe π auftritt. Dieser reflektierte Strahl wird dann in Luft zurückgebrochen (ohne Phasensprung) und wird mit 2 bezeichnet. Der in das Glas hinein gebrochene blaue Strahl, sowie der an der oberen Begrenzung zur Luft reflektierte blaue Strahl werden nicht weiter betrachtet. Somit weisen die Strahlen 1 und 2 Phasensprünge gleicher Größe auf.*

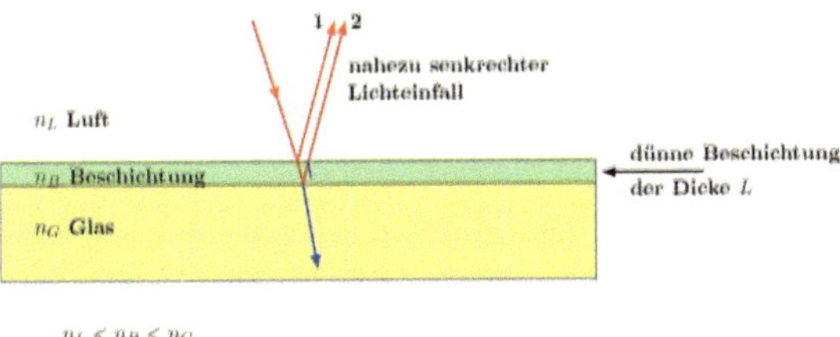

Abbildung 67: Interferenz an einer dünnen Schicht.

Der Strahl 2 hat aber im Gegensatz zu Strahl 1 eine um $2L$ längere Wegstrecke zurückzulegen. Somit findet eine Auslöschung (destruktive Interferenz) der Strahlen 1 und 2 nur dann statt, falls

$$2L = \left(m + \frac{1}{2} \right) \frac{\lambda}{n_2}, \ \ mit \ \ m = 0, 1, 2, \ldots$$

gilt, wobei λ die Wellenlänge der einfallenden Welle im Vakuum ist.

Ist hier die Wellenlänge gebeben, so kann die für die destruktive Interferenz notwendige Schichtdicke berechnet werden. Beispielsweise ergibt sich mit $m = 0$ für die Wellenlänge $\lambda = 550\,nm$ und für die Brechungsindexe $n_1 = 1$, $n_2 = 1.38$ und $n_3 = 1.5$ die Schichtdicke zu

$$L = \frac{\lambda}{4\,n_2} = \frac{550\,nm}{4 \cdot 1.38} \approx 99.64\,nm.$$

Ist umgekehrt die Schichtdicke L gegeben, so kann die Wellenlänge, die eine destruktive Interferenz erfährt, berechnet werden. Beispielsweise ergibt sich mit $m = 0$ für die Schichtdicke $\lambda = 99\,nm$ und für die Brechungsindexe $n_1 = 1$, $n_2 = 1.38$ und $n_3 = 1.5$ die Wellenlänge zu

$$\lambda = 4\,L\,n_2 = 4 \cdot 99\,nm \cdot 1.38 \approx 546.48\,nm.$$

5   Anhang

Seit dem 20. Mai 2019 bilden sieben Konstanten das Fundament des Internationalen Einheitensystems (SI) und damit des international vergleichbaren Messens innerhalb der Meterkonvention. Die Zahlenwerte dieser Konstanten entstammen den Ausgleichsrechnungen von CODATA im Sommer 2017 (vgl CODATA 2017 special adjustment, https://iopscience.iop.org/article/10.1088/1681-7575/aa99bc). Mithilfe dieser sieben Konstanten werden die Basiseinheiten definiert, weshalb man sie „definierende Konstanten" nennt. Mit ihnen lassen sich zugleich alle weiteren Einheiten im SI darstellen, sodaß zwischen Basiseinheiten und abgeleiteten Einheiten kein systemischer Unterschied mehr besteht.

Die definierenden Konstanten sind:

- Frequenz des Hyperfeinstrukturübergangs des Grundzustands im ^{123}Cs-Atom

  $\Delta\nu = 9192631770\, s^{-1}$.

- Lichtgeschwindigkeit im Vakuum

  $c = 299792548\, m\, s^{-1}$.

- Plank-Konstante

  $h = 6.62607015 \cdot 10^{-34}\, J\, s$, **wobei** $1\, J\, s = 1\, kg\, m^2\, s^{-1}$.

- Elementarladung

  $e = 1.602176634 \cdot 10^{-19}\, C$, **wobei** $1\, C = 1\, A\, s$.

- Boltzmann-Konstante

  $k = 1.380649 \cdot 10^{-23}\, J\, K^{-1}$, **wobei** $1\, J\, K^{-1} = 1\, kg\, m^2\, s^{-2}\, K^{-1}$.

- Avogadro-Konstante

  $N_A = 6.02214076 \cdot 10^{-23}\, mol^{-1}$.

- Das Photometrische Strahlungsäquivalent K_{cd} einer monochromatischen Strahlung der Frequenz $540 \cdot 10^{12}\, Hz$ ist genau gleich $683\, lm\, W^{-1}$, wobei $1\, lm\, W^{-1} = 1\, cd\, sr\, W^{-1} = 1\, cd\, sr\, kg^{-1}\, m^{-2}\, s^3$.[28]

Name	Formel-zeichen	Zahlenwert
Sekunde	s	$1\, s = 9192631770/\Delta\nu$
Meter	m	$1\, m = (c/299792458)\, s = 30.663318\ldots\, c/\Delta\nu$
Kilogramm	kg	$1\, kg = (h/6.62607015 \cdot 10^{-34})\, m^{-2}\, s = 1.475521\ldots\ldots 10^{40}\, h\, \Delta\nu/c^2$
Ampere	A	$1\, A = e/(1.602176634 \cdot 10^{-19})\, s^{-1} = 6.789686\ldots\, 10^8\, \Delta\nu\, e$
Kelvin	K	$1\, K = (1.380649 \cdot 10^{-23}/k)\, kg\, m^2\, s^{-2} = 2.266665\ldots\, \Delta\nu\, h/k$
Mol	mol	$1\, mol = 6.02214076 \cdot 10^{23}/N_A$
Candela	cd	$1\, cd = (K_{cd}/683)\, kg\, m^2\, s^{-3}\, sr^{-1} = 2.614830\ldots\, 10^{10}\, (\Delta\nu)^2\, h\, K_{cd}$

Tabelle 16: Die SI-Einheiten.

Abgeleitete SI-Einheiten:

Für den Druck p mit der Einheit Pascal[29] (Pa) gilt: Es gilt

- $1\, Pa = 1\, N/m^2 = 1\, kg/(s^2\, m) = 1\, J/m^3$

- $1\, bar = 10^5\, Pa = 10^5\, kg/(s^2\, m)$

Weitere physikalische Einheiten finden sich in Tab 17.

---

[28]Der Steradiant sr ist eine Maßeinheit für den Raumwinkel. Auf einer Kugel mit $1\, m$ Radius umschließt ein Steradiant eine Fläche von $1\, m^2$ auf der Kugeloberfläche.

[29]Die Millimeter-Quecksilbersäule $(mm\, Hg)$ ist keine SI-Einheit, aber in der EU und der Schweiz eine gesetzliche Einheit, die im medizinischen Bereich für Messungen des Drucks von „Blut und anderer Körperflüssigkeiten" verwendet wird. Es gilt $1\, mm\, Hg = 1.33322\, mbar = 133.322\, Pa$.

Physikalische Größe	Einheitenname	Zeichen	Beziehung zw. den Einheiten
Länge	Meter	m	$1\,m = (c/299792458)\,s$
Fläche	Quadratmeter	m^2	
Volumen	Kubikmeter	m^3	
Ebener Winkel	Radiant	rad	
	Grad	$^\circ$	$1^\circ = (\pi/180)\,rad$
Zeit	Sekunde	s	$\Delta\nu/9192631770$
Masse	Kilogramm	kg	$1\,kg = (h/6.62607015 \cdot 10^{-34})\,s/m^2$
Dichte		kg/m^3	
Kraft	Newton	N	$1\,N = 1\,kg \cdot m/s^2$
Impuls		$N \cdot s$	$1\,N \cdot s = 1\,kg \cdot m/s$
Druck	Pascal	Pa	$1\,Pa = 1\,N/m^2 = 1\,kg/(s^2 \cdot m)$
Dyn. Viskosität	Pascalsekunde	$Pa \cdot s$	$1\,Pa \cdot s = 1\,N \cdot s/m^2 = 1\,kg/(s \cdot m)$
Arbeit	Joule	J	$1\,J = 1\,W \cdot s = 1\,kg \cdot m^2/s^2$
Energie	Joule	J	$1\,J = 1\,N \cdot m = 1\,kg \cdot m^2/s^2$
Leistung	Watt	W	$1\,W = 1\,J/s = 1\,N \cdot m/s = 1\,kg \cdot m^2/s^3$
Temperatur	Kelvin	K	$1\,K = (1.380649/k) \cdot 10^{-23}\,kg\,m^2/s^2$
Wärmemenge	Joule	J	$1\,J = 1\,kg \cdot m^2/s^2$
Wärmekapazität		J/K	$1\,J/K = 1\,kg \cdot m^2/(s^2 \cdot K)$
Stoffmenge	Mol	mol	$1\,mol = 6.02214076 \cdot 10^{23}\,N_A$
Lichtstärke	Candela	cd	$1\,cd = (K_{cd}/683)\,kg \cdot m^2/(s^3 \cdot sr)$
Brechkraft	Dioptrie	dpt	$1\,dpt = 1/m$

Tabelle 17: Einige wichtige Physikalische Größen.

Substanz	Dichte in kg/m^3
Bestes Laborvakuum	10^{-17}
Wasserstoff	0.09
Helium	0.18
Hydrauliköle bei 15 °C (DIN 51.524-HLP)	880
Schmieröle 15 °C (DIN 51.501-L-AN)	900
Luft bei 20 °C und 1.013 bar	1.21
Luft bei 20 °C und 50.66 bar	60.50
Argon	1.78
Isopentan	616
Eis	917
Wasser bei 20 °C und 1.013 bar	998
Wasser bei 20 °C und 50.66 bar	1000
Meerwasser bei 20 °C und 1.013 bar	1024
Blut	1600
Quecksilber Hg	13595
Schwefelsäure H_2SO_4	1834
Brom Br_2	3119
Carbonfasern	2000
Diamant	3500
Gußeisen	7200
Stahl	7900
Titan	4500
Granit	2900
Erde (Durchschnittswert)	5500
Erde (Kruste)	2800
Zentrum eines Neutronensterns (Kern)	10^{18}

Tabelle 18: Dichten einiger Gase und Flüssigkeiten, vgl [3], [4].

Literatur

[1] Basarow, I. P.: Thermodynamik, 3. Aufl., VEB Verlag der Wissenschaften, Berlin, 1974.

[2] Giancoli, D.C.: Physik, Pearson Verlag, Hallbergmoos, 2019.

[3] Czichos, H.: Hütte - Die Grundlagen der Ingenieurwissenschaften, 31. Aufl., Springer-Verlag, Berlin, 2000.

[4] Halliday, D.; Resnick, R.; Walker, J.: Halliday Physik für natur- und ingenieurwissenschaftliche Studiengänge, Wiley-VCH Verlag, Weinheim, 2020.

[5] Hahn, U.; Physik für Ingenieure, de Gruyter Verlag, Berlin, 2015.

[6] Hecht, E.: Optik, de Gruyter, 7. Aufl., 2018.

[7] Hering, E.; Martin, R.; Stohrer, M.: Physik für Ingenieure, Springer-Verlag, Berlin, 2016.

[8] Jaworski, B. M.; Detlaf, A. A.: Physik Griffbereit, Band 1 und 2, Vieweg-Verlag, Braunschweig, 1974.

[9] Jackson, J. D.: Klassische Elektrodynamik, 2. Aufl., de Gruyter Verlag, Berlin, N.Y., 1982.

[10] Langeheinecke, K.; Jany, P.; Thieleke, G.: Thermodynamik für Ingenieure, 7. Aufl., Vieweg + Teubner Verlag, Wiesbaden, 2008.

[11] Lindner, H.; Physik für Ingenieure, Hanser-Verlag, München, 2014.

[12] Meschede, D.: Gerthsen Physik, 24. Aufl., Springer-Verlag, Heidelberg, 2010.

[13] Mohr, P. J., et al.: Data and analysis for the CODATA 2017 special fundamental constants adjustment, Metrologia, 55, 125-146, 2018.

[14] Mortimer, C.E.; Müller, U.: Chemie, Thieme Verlag, Stuttgart, 2003.

[15] Pedrotti, F.L.; Pedrotti, L.M.; Pedrotti, L.S.: Introduction to Optics, Cambridge University Press, 3. Aufl., 2018.

[16] Simonyi, K.: Theoretische Elektrotechnik, VEB Deutscher Verlag der Wissenschaften, Berlin 1980.

[17] Stöcker, H.: Taschenbuch der Physik, Verlag Harri Deutsch, Frankfurt a.M., 1998.

[18] Tipler, P.A.; Mosca, G.: Physik für Wissenschaftler und Ingenieure, Spektrum Akademischer Verlag, Heidelberg, 2009.

[19] Wziontek, H.: Technische Optik, Selbstverlag, Jena, 2018.

Index